G. FLEIG et J. PASTURAUD

NOTES

DE

Chimie Pathologique

TROISIÈME ÉDITION

Revue et augmentée

Avec 10 figures dans le texte

PAR

M. FRENKEL

DOCTEUR ÈS SCIENCES
MEMBRE DE LA SOCIÉTÉ DE MÉDECINE DE PARIS
DE LA SOCIÉTÉ D'HYDROLOGIE MÉDICALE
DE LA SOCIÉTÉ CHIMIQUE DE FRANCE

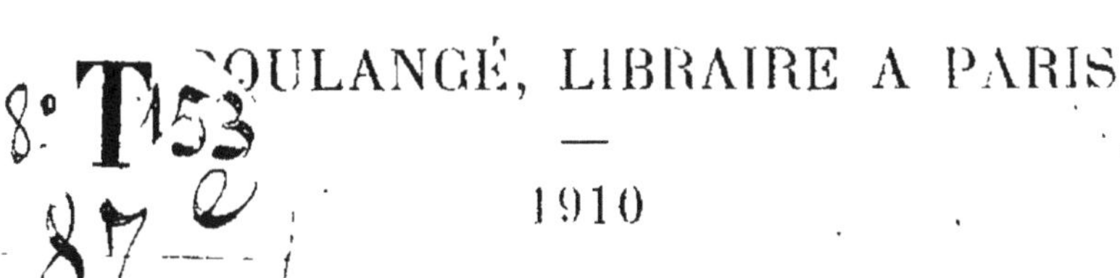

COULANGÉ, LIBRAIRE A PARIS

—

1910

NOTES

DE

CHIMIE PATHOLOGIQUE

G. FLEIG et J. PASTURAUD

NOTES

DE

CHIMIE PATHOLOGIQUE

à l'usage

Des Candidats au Troisième Examen de Doctorat et du Praticien

TROISIEME ÉDITION REVUE & AUGMENTEE

par

M. FRENKEL, Docteur ès sciences

Membre de la Soc de Médecine de Paris, de la Soc d Hydrologie Médicale, de la Soc Chimique de France

(10 Figures dans le texte)

PARIS

LIBRAIRIE ALEX. COCCOZ

Ch BOULANGÉ, Successeur

11, RUE DE L'ANCIENNE-COMÉDIE, VIe

1909

# AVANT-PROPOS

DE LA PREMIÈRE ÉDITION

Notre but, en présentant ce petit livre à nos camarades, est de tenter de leur être utile en leur épargnant le désagrément — nullement exceptionnel — d'un échec à l'épreuve pratique de la seconde partie du troisième examen. La chimie pathologique y rep résente, en effet, une cause d'élimination des plus sérieuses, et nous avons vu maintes fois tel candidat, brillant en parasitologie, rester muet devant un uréomètre !

Les gros traités d'urologie et de chimie médicale ont certes leur utilité pour les étudiants de 3e et de 4e année ; leur lecture nous paraît même indispensable.

Mais il est de toute nécessité de revoir, à la veille de l'examen — dans leurs grandes lignes et cependant *d'une façon très précise* — les principaux faits, ceux qui intéressent directement *les cliniciens*, que nous devons être avant tout.

.*Or, il n'existe pas, à l'heure actuelle, d'ouvrage concis, de lecture rapide, réunissant l'ensemble des connaissances de chimie pathologique strictement utiles au praticien et répondant en même temps au programme du troisième examen.*

C'est cette lacune que nous avons voulu combler. Nous avons réuni, dans ce but, les notes prises jadis par nous aux travaux pratiques de la Faculté. Nous les avons complétées à l'aide d'emprunts faits aux excellents traités de nos maîtres, qui nous les pardonneront sans doute en faveur de nos bonnes intentions Notre modestie ne nous permet pas de parler des données personnelles, que nous avons d'ailleurs réduites au minimum, afin de ne pas entraîner trop loin nos lecteurs.

Nous nous sommes efforcés de n'indiquer *que les procédés les plus simples et les plus pratiques*, éliminant volontairement les manuels opératoires complexes, la description d'appareils délicats dont l'emploi n'est possible que dans les laboratoires. Nous nous sommes cantonnés dans le domaine des faits dûment contrôlés et consacrés par l'expérimentation, sans oublier les théories les plus récentes de nos grands cliniciens, et dont l'application a déjà fait ses preuves.

Nous avons l'espoir d'être favorablement accueillis parce que notre opuscule a sa raison d'être. Rédigé en vue de l'étudiant, il pourra rester entre les mains du praticien, qui y trouvera — avec le souvenir de ses examens passés — un résumé clair et succinct de ses études chimiques, et, nous osons l'espérer, un guide utile dans quelques circonstances de la carrière médicale.

Octobre 1904.

PRÉFACE

DE LA DEUXIÈME ÉDITION

Merci à nos nombreux amis et lecteurs de l'accueil sympathique qu'ils ont fait à notre modeste ouvrage. En moins d'une année, en effet, les cinq cents premiers exemplaires ont été épuisés.

Aussi avons-nous mis tout notre soin à revoir dans ses moindres détails, notre seconde édition. Nous avons éclairci les points qui avaient pu paraître obscurs, et apporté quelque développement aux chapitres que notre volonté primitive d'être concis nous avait fait présenter sous la forme la plus simple.

Nous sommes heureux d'avoir atteint le but que nous nous étions proposé, et nous osons espérer que cette seconde édition sera aussi favorisée que son aînée.

G. FLEIG ET J. PASTURAUD

Octobre 1905.

PRÉFACE

DE LA TROISIÈME ÉDITION

Mes amis, G. Fleig et J. Pasturaud, m'ont prié de revoir leur petit livre et d'y ajouter ce qui m'aurait paru intéressant, tant au point de vue théorique qu'au point de vue technique. La partie qui, dans cette édition, a subi des modifications assez importantes est celle qui décrit l'acide urique. J'y ai introduit les notions nouvelles de la chimie biologique concernant les purines et leurs rapports avec les nucléo-protéides. J'ai ajouté aussi un chapitre sur la cryoscopie urinaire Les méthodes de dosage des éléments normaux et anormaux de l'urine ont été décrites d'une façon aussi simple que possible tout en conservant une rigueur scientifique. On a, enfin, ajouté de nouvelles figures · l'uréomètre d'Yvon, le cryoscope de Claude et Balthazard, les différentes formes de cylindres urinaires, les variétés des hématies et des leucocytes

Puisse cette nouvelle édition trouver auprès des lecteurs la même faveur que les précédentes

M FRENKEL.

Octobre 1909

CHAPITRE PREMIER

URINE

« Le rein sécrète, par un mécanisme dont l'étude relève de la physiologie, un liquide — l'urine — chargé de sels minéraux et de déchets azotés qui résultent de l'activité chimique des tissus aussi bien que de la destruction progressive des substances quaternaires introduites dans l'économie à titre d'aliment.

« A *l'état physiologique*, l'urine sert de véhicule à peu près exclusif aux produits azotés de la désassimilation. Toutes les causes qui modifient l'intensité ou la nature de cet ordre de phénomènes nutritifs retentissent sur la composition chimique de l'urine.

« A *l'état pathologique*, le rein élimine encore des composés chimiques très divers : sucres, albumines, acétones, ptomaïnes, toxines, pigments, sans parler des ferments solubles ou figurés, des éléments histologiques empruntés au sang, à la lymphe ou aux voies urinaires, des parasites de toute nature, etc.

« C'est de la dépendance étroite qui relie la composition chimique des urines aux variations normales ou pathologiques de la nutrition que découle toute l'importance de l'urologie comme procédé d'investigation ou comme élément de diagnose. » (Testut.)

I. — URINE NORMALE

a) **Ses principaux caractères.**

Volume (en 24 heures)... 1.200 à 1.400 cc.
Aspect................. limpide.
Couleur............... jaune ambré.
Odeur .... *Sui generis.*
Consistance .... fluide.
Dépôt................. léger, incolore.
Densité (à 15° centigr.).. 1016 à 1022.
Réaction .... franchement acide.

b) **Ses principaux éléments.**

	Grammes par litre.	par 24 h
Eau..........................	960,00	1.300,00
Urée..........................	25,00	33,00
Acide urique..................	0,40	0,50
Acide hippurique.............	0,50	0,65
Créatinine....................	0,80	1,00
Xanthine et analogues........	0,04	0,05
Pigments. Matières extractives.	4,50	5,85
Acides gras fixes ou volatils...	0,010	0,012
Acide oxalique. Glucose	0,017	0,020
Acide lactique, etc...........	0,008	0,010
Phénosulfate ...... ⎫		traces
Indoxylsulfate. ... ⎬ de potassium ⎨		à quelques
Scatoxylsulfate.... ⎭		milligr.
Chlorure de sodium	10,50	13,50
Sulfates alcalins..............	3,1	4,03
Phosphates (terreux et alcalins).	2,20	2,85
Sels ammoniacaux...........	0,70	0,91
Silice. Fer. Azotates. Gaz : CO_2, O, Az....................		traces.

Ce tableau n'indiquant que des chiffres moyens, il est utile de mentionner les modifications que peuvent subir les caractères de l'urine et aussi les proportions des corps dont elle est constituée, tant à l'état physiologique que pathologique.

A) CARACTÈRES DE L'URINE

Volume.— Normale- { 1.200 cc. chez la femme.
ment, en moyenne . { 1.400 cc chez l'homme.
Il peut être *augmenté physiologiquement*, par l'*ingestion de grandes quantités de liquides*, de certaines substances *diurétiques*, par *l'action du froid sur la circulation périphérique*.

Pathologiquement, au cours du *diabète sucré*, le volume de l'urine peut atteindre un taux très élevé : 6, 8, 10 litres par jour et même davantage.

Il est *diminué* à la suite d'une *sudation abondante (grandes chaleurs, exercices violents)*.

Les *vomissements répétés* agissent dans le même sens, par déshydratation de l'organisme.

Un grand nombre *d'états pathologiques (intoxications, fièvres graves)* s'accompagnent d'une oligurie très marquée, pouvant aboutir à l'anurie absolue.

Dans d'autres cas, l'oligurie et l'anurie sont l'indice d'une *lésion de l'appareil urinaire*.

Le début de la convalescence des maladies aiguës fébriles est annoncé, en même temps que par la chute de la température, par une *diurèse abondante (crise urinaire)*, toujours d'un bon pronostic.

La *toxicité urinaire* est, à l'état normal, en rapport inverse du volume d'urine excrété

— *Pathologiquement*, au contraire, pendant la période d'état des maladies aiguës fébriles — de la pneumonie, par exemple, — l'urine, très peu abondante, est *hypotoxique* ; au moment de la crise urinaire, l'urine, bien plus abondante et chargée de toutes les matières toxiques retenues au cours de la maladie, est *hypertoxique*.

Aspect. — Normalement, l'urine est limpide au moment de la miction ; par refroidissement, elle se trouble et donne naissance à un léger dépôt.

Une urine *trouble d'emblée* est toujours pathologique.

Telles sont les urines du *catharre vésical, les urines purulentes, les urines chyleuses.*

Couleur. — Jaune ambré normalement. Le *degré de concentration, les états pathologiques, l'ingestion de certaines substances, la présence du sang, etc.*, modifient la coloration des urines, qui peut varier du jaune le plus clair au brun foncé.

La coloration de l'urine normale est due à la présence de *pigments*, en particulier de l'*urochrome* (*pigment jaune*).

On a cherché à déterminer scientifiquement le degré de coloration des urines au moyen du *colorimètre*, en se servant d'une solution type de perchlorure de fer. Mais ces recherches n'ont rien indiqué de bien intéressant

On peut résumer en un court tableau les principales modifications apportées à la coloration de l'urine par les états pathologiques et l'absorption de certaines substances

Diabète................	Urines très pâles..
Hystérie (après crises) ...	Urines à peine co-
États nerveux	lorées. (*Urines*
Polyurie émotive	*nerveuses.*

Fièvre............... ..	Urines plus ou moins rouges.
Chylurie................	Urines blanchâtres, opalescentes.
Hématurie...	Urines rouge sang.
Métémoglobinurie .... Malaria............ ... Cancers mélaniques...... Intoxication phénolée.... Absorption de salycilates. Absorption de résorcine..	Urines de teinte brune.
Absorption de séné, de santonine, de rhubarbe.	Urines jaunes ; deviennent rouges en présence de la potasse caustique.

Odeur. — Rappelant l'*odeur affadie de l'amande amère* (Hugounenq). Un grand nombre de causes physiologiques et pathologiques peuvent la modifier :

On connaît la mauvaise odeur des urines émises après l'ingestion d'*ail*, de *tomates*, d'*asperges*.

Dans ce dernier cas, elle est due à un produit sulfuré volatil, le *méthylmercaptan* (CH^3SH).

Un certain temps après son émission, l'urine subit la *transformation ammoniacale*, due à la décomposition de l'urée en carbonate d'ammoniaque, et répand une odeur caractéristique.

L'absorption de *certains médicaments* et *quelques états pathologiques* modifient aussi l'odeur de l'urine :

Dans le catharre vésical ..	Odeur ammoniacale. *Dans ce cas, l'acide chlorhydrique y produit une effervescence.*

Cancer de la vessie.... ..   } Odeur fétide.
Cystite purulente ....

Absorption {thérébenthine } Odeur de violettes
   de   {cubèbe . ...   ou aromatique.
      {copahu . ..
      {safran ...

Consistance. — L'urine normale a la consistance des *solutions salines faibles*. Les modifications en sont très peu marquées en général, et toujours dues à des causes pathologiques.

Dépôt.— L'urine normale, exposée à une basse température, laisse déposer un *sédiment* essentiellement constitué par du mucus, des urates, des oxalates

Dans les cas pathologiques, ce dépôt, à peine marqué normalement, prend une teinte rouge ou brun jaune plus ou moins accentuée

L'*examen microscopique* y décèle alors, indépendamment des éléments le plus fréquemment rencontrés : des *globules sanguins*, du *pus*, des *cylindres*, des *cellules épithéliales*.

Le *sable urinaire* du début de la gravelle se dépose en couche rougeâtre au fond du vase On y trouve des *urates*, des *oxalates*, des *phosphates*.

Densité. — 1016 à 1022. Varie : en raison directe de la concentration de l'urine et de. sa teneur en éléments dissous, en raison inverse de son volume, au moins en général

Cette dernière proposition n'est pas exacte dans le cas des urines des diabétiques, lesquelles, quoique très abondantes, ont une densité augmentée par leur teneur en sucre Il en est de même pour certaines urines albumineuses.

Réaction.—Normalement *acide* chez l'homme, comme chez les carnivores.

Cette acidité *s'accroît par une alimentation carnée. Elle s'abaisse* au contraire parfois *jusqu'à faire place à la réaction alcaline*, à la suite d'une *alimentation végétale :* les urines des herbivores sont franchement alcalines. Ce fait est dû à la combustion dans l'économie des sels de potasse très abondants dans les végétaux.

Les urines deviennent alcalines également *pendant la digestion stomacale*, surtout après un repas abondant. Cela tient à l'élimination de quantités notables d'acide chlorhydrique libre par la muqueuse gastrique.

L'acidité urinaire est *augmentée* par le *jeûne*, les *états fébriles*.

Il se produit parfois un phénomène auquel on a donné le nom de *réaction amphotère*.

L'urine rougit le papier de tournesol bleu, et bleuit le papier rouge Cette particularité est due à la présence de *quantités équivalentes des deux phosphates mono et di-sodiques* (PO^4H^2Na, PO^4HNa^2).

Agents de l'acidité urinaire. — Cette acidité est due à un *certain nombre d'acides libres ou combinés*. Les éléments prédominants sont : PO^4H^2Na, provenant de l'action de l'acide urique sur PO^4HNa^2 ; *les urates acides ; l'acide urique* lui-même, *l'acide hippurique ; certains acides aromatiques ; des traces d'acide gras ; CO^2 libre ou combiné*.

MESURE DE L'ACIDITÉ URINAIRE

L'acidité urinaire étant due, comme nous venons de le voir, à plusieurs éléments, dont le principal est le phosphate acide ou monosodique, NaH^2PO^4, il est tout à fait arbitraire d'évaluer cette acidité en poids d'un acide minéral quelconque.

Nous recommandons d'exprimer l'acidité urinaire en volume d'alcali titré neutralisant un volume donné d'urine en présence de phénol-phtaléine comme indicateur.

DOSAGE DE L'ACIDITÉ URINAIRE

Réactifs.— *a*) Solution déci-normale de soude caustique

b) Solution à 1 p 100 de phénol-phtaléine dans l'alcool à 70°.

Mode opératoire. — A 10 cc. d'urine, ajoutez 25 cc. d'eau et 3 gouttes de phénol-phtaléine. Titrez avec la solution de soude jusqu'à coloration rose persistante.

Le nombre des cc. employés représente la valeur conventionnelle de l'acidité. Le mélange de toutes les émissions de la période de 24 heures donne, à l'état normal et avec une alimentation mixte, un chiffre d'acidité voisin de 3 cc. (homme) et de 2,5 (femme) pour 10 cc. d'urine (1).

Pouvoir rotatoire. — Examinées au polarimètre, les urines normales affectent toujours *un très léger pouvoir rotatoire lévogyre* variant de : $+ 0°.0'$ à $— 0°,5$.

Ce pouvoir lévogyre peut *s'élever notablement* dans *le coma diabétique, l'albuminurie*.

La *présence du sucre* confère à l'urine un pouvoir rotatoire *dextrogyre*.

---

(1) M. FRENKEL, Fréquence de l'hyperacidité urinaire. *Bull de l'Académie de Médecine*, 1908, n° 7.

Sur l'acidité urinaire. *Ann. de la Soc. d'Hydr. Med.*, t. 7, n° 3 et 5,

B) ÉLÉMENTS DE L'URINE

ÉLÉMENTS NORMAUX

Extrait sec : Représente la somme totale des *cendres + matières organiques.*

Les deux derniers chiffres de la densité de l'urine multipliés par 2,33 donnent approximativement le poids d'extrait sec par litre (*Haser*).

Le rapport qui existe entre le résidu inorganique (cendres) de l'urine et le résidu total est égal à 30 à 32 p. 100 à l'état normal. Ce rapport s'appelle *coefficient urinaire de déminéralisation* (A. Robin).

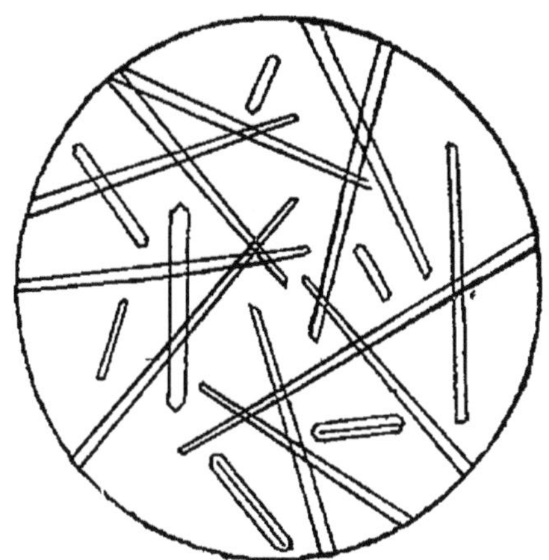

Fig. 1. — Urée.

Urée.

$\left(CO < \dfrac{AzH^2}{AzH^2}\right)$ C'est l'élément le plus important de l'urine au point de vue physiologique. Son élimination normale atteint le taux moyen de *33 grammes par 24 heures.*

Au point de vue de sa constitution chimique,

l'urée est une *carbodiamide*. C'est un corps neutre, incolore, cristallisant en prismes quadratiques solubles dans H^2O et l'alcool à 20 p 100, insolubles dans la benzine et le chloroforme.

L'urée provient de *la destruction dans l'organisme des albumines de l'alimentation* (Hugounenq), car, à l'état physiologique, l'azote de l'urée correspond à l'azote alimentaire. Cependant, l'urée n'est pas, dans l'organisme, un produit direct de la désagrégation de la molécule albuminoïde. Cette désagrégation donne, entre autres produits, du *carbonate* et du *carbamate* d'ammoniaque, et ces deux sels ammoniacaux sont transformés dans le foie en urée

Le foie est le principal organe uréopoiétique ; mais tous les tissus de l'organisme concourent dans une certaine mesure à l'uréopoièse.

L'excrétion uréique est *augmentée* dans :

la fièvre en général,
les fièvres éruptives en particulier,
la fièvre typhoïde,
les péritonites,
le diabète.

Physiologiquement, *une alimentation abondante, l'exercice musculaire prolongé* augmentent le taux d'excrétion de l'urée.

Elle est *diminuée* au contraire dans :
Les maladies où la vitalité des tissus est atteinte (tuberculose, anémie, chlorose, cachexie cancéreuse) et dans les affections rénales ;
Les affections du parenchyme hépatique (Atrophie, cirrhose, stéatose phosphorée, stéatose arsenicale), et pendant les coliques hépatiques.
Physiologiquement, elle *diminue par l'alimentation végétale,* mais *ne s'abaisse jamais jusqu'à O,* même par le jeûne absolu.

DOSAGE DE L'URÉE

Il est basé sur la décomposition de l'urée par *l'hypobromite de soude* (Br O Na) :

$$CO \cdot (Az\ H^2)^2 + 3\ Br\ O\ Na$$
$$= 3\ Na\ Br + CO^2 + 2\ Az + 2\ H^2\ O$$

L'acide carbonique est absorbé par l'excès de soude contenu dans l'hypobromite, et d'après le volume d'azote dégagé, on peut calculer le poids d'urée.

Pour effectuer ce dosage, on a imaginé un grand nombre d'appareils, dont nous décrivons : *l'uréomètre de Duprez* et *l'uréomètre d'Yvon*.

Il faut cependant remarquer que l'hypobromite décompose également les sels ammoniacaux qui se trouvent d'une façon constante dans l'urine, et partiellement l'acide urique Le dosage de l'urée par l'hypobromite est donc approximatif.

Lorsqu'il s'agit d'un dosage rigoureux, il faut avoir recours aux méthodes spéciales basées sur l'extraction de l'urée par l'alcool et précipitation sous forme d'oxalate d'urée.

Uréomètre de Duprez (1)

L'appareil se compose de 2 parties en verre : *AA'* et *BB'*, communiquant par un tuyau de caoutchouc *C*. La partie *AA'* porte un robinet *r* et des *divisions* gravées sur sa paroi au-dessus et au-des-

---

(1) Quel que soit l'uréomètre employé on se servira d'hypobromite de soude prepare comme suit .

Brome .. .. 5 cc
Lesssive de soude (33° B).. . 50 cc.
Eau distillée .... 100 cc
Mêler avec précaution

sous de *r*. L'extrémité *B* se termine par une dilatation ampullaire.

Manuel opératoire :

1° L'appareil n'étant maintenu par le support que par la partie *B*, ouvrir le robinet *r* et verser du *mercure* par l'extrémité *B*. Abaisser la partie *A* jusqu'à ce que le mercure arrive exactement sous le robinet *r*, qu'on ferme alors aussitôt ;

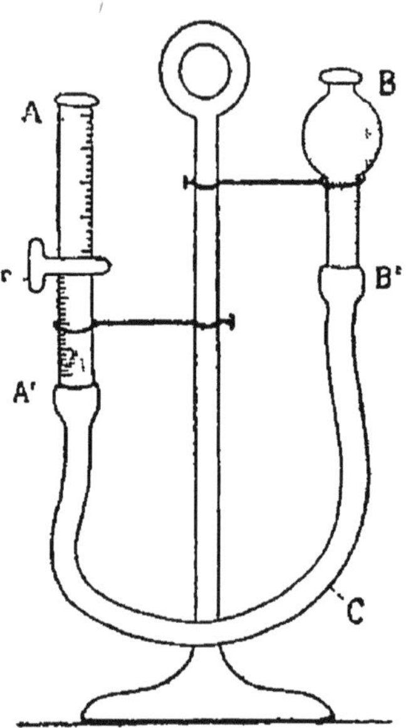

Fig. 2 — Uréomètre de Duprez.

2° Verser dans le tube *A* 2 cc. d'*urine*, auxquels on ajoute un peu d'une *solution de glucose* à 25 p. 100, dont l'effet sera d'assurer le dégagement complet de l'azote (1). On ouvre ensuite le robinet, et on laisse passer le tout dans la partie *rA'* ; refer-

____

(1) Cette solution sucrée sera ajoutée avec avantage dans l'urine, quel que soit l'uréomètre employé.

mer aussitôt le robinet. Verser ensuite dans la partie A un peu d'eau distillée pour laver les parois du verre et la faire passer de même en rA'.

3° Verser dans le tube A un *excès d'hypobromite* (6 cc. environ), et le faire passer en rA' avec précaution, *en prenant soin de laisser en Ar un peu de réactif,* de façon à éviter l'entrée de l'air ou la sortie de l'azote qui commence à se dégager. Imprimer ensuite à la partie AA' des mouvements d'élévation et d'abaissement alternatifs, qui aideront au mélange intime des deux liquides et, par suite, au dégagement complet de l'azote. Le dégagement étant complètement effectué, le mercure se trouve abaissé d'un certain nombre de divisions en A'.

4° Tenir ensuite la partie AA' contre BB' et amener le mercure *exactement au même niveau* en A' et B'. La pression exercée en rA' est donc équivalente à la pression atmosphérique qui agit en B.

5° Faire enfin la lecture en rA' et se reporter aux tables de correction pour connaître le poids d'urée par litre d'urine, à une température donnée.

DOSAGE DE L'URÉE PAR LE PROCÉDÉ D'YVON

Appareil nécessaire : *Uréomètre d'Yvon.*
Cet appareil se compose d'un tube de verre gradué, de 40 centimètres de long, ouvert à ses deux extrémités, portant à 10 centimètres environ de sa partie supérieure un robinet de séparation.

Réactif :

Hypobromite de soude. (Pendant la préparation de ce réactif, il faut se préserver contre les vapeurs de brome.) Prendre 5 grammes de brome, les mettre dans un flacon avec :

Lessive de soude (D = 1,33).   50 gr
Ajouter : Eau .. .. 100 gr
Agiter jusqu'à la disparition du brome.

Mode opératoire :

Prendre 25 cc. d'urine. Les diluer à 100 cc. avec de l'eau distillée.

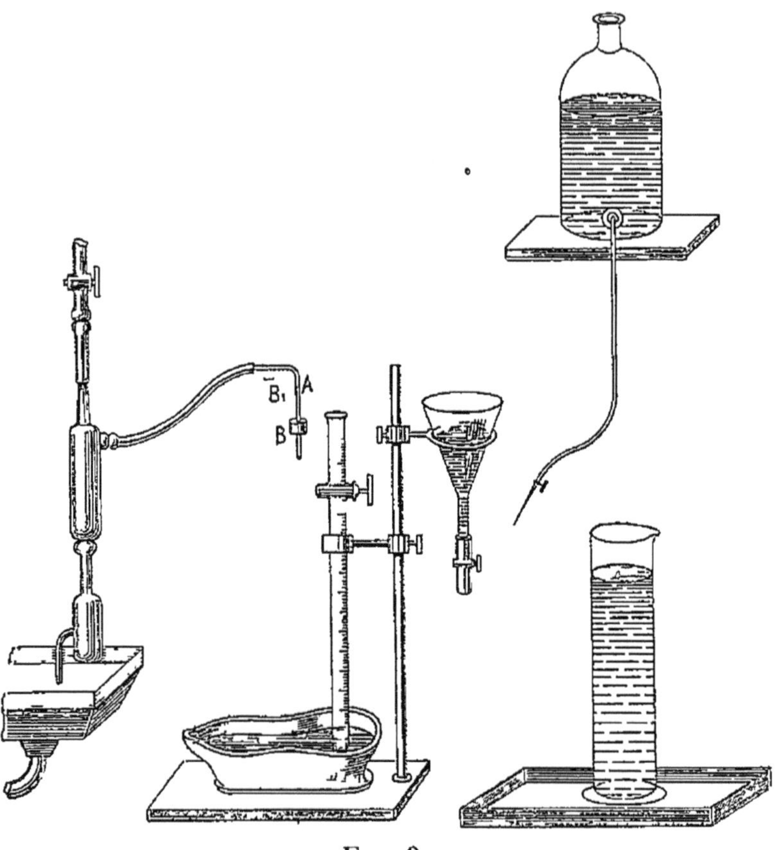

Fig 3

Placer l'uréomètre d'Yvon sur la cuve à mercure, comme l'indique la figure 3. Mettre la trompe en marche. Approcher le tube *A* en appuyant le caoutchouc *B* sur le contour supérieur de l'uréomètre. Quand le mercure arrive au-dessus du robinet, fermer celui-ci. Enlever le tube d'aspiration. Introduire dans la partie supérieure du tube, au-dessus du mercure, quelques cc. d'urine diluée, ouvrir le robinet et en laisser couler 4 cc. Enlever l'excès d'urine restant au-dessus du robinet en aspirant à l'aide de la trompe (il suffit de repousser le caoutchouc en *BI*). Laver deux fois la partie supérieure de l'uréomètre à l'eau distillée, l'enlever chaque fois par aspiration.

Remplir le tube supérieur d'hypobromite. Ouvrir le robinet. Laisser couler Eviter l'entrée d'air en maintenant un peu de réactif au-dessus du robinet.

Laisser le dégagement de gaz azote s'opérer complètement Enlever l'uréomètre de la cuve à mercure en bouchant l'orifice inférieur avec l'index de la main droite. Le porter dans l'entonnoir *C* et lâcher le doigt Le mercure étant alors remplacé par de l'eau, reboucher le tube avec l'index et le porter dans l'éprouvette remplie d'eau. Au bout de quelques instants, faire la lecture du volume gazeux, les niveaux de liquide étant les mêmes à l'intérieur et à l'extérieur de l'uréomètre.

Calcul. — Si on a n cc. d'azote, le poids d'urée en grammes par litre est approximativement égal à : $n \times 10/4$.

Avoir soin de verser suffisamment d'hypobromite pour colorer le liquide en jaune. Si l'urine est très concentrée, prendre pour le dosage 2 cc. de liquide dilué au lieu de 4 cc.

RÉACTIONS DE L'URÉE

1° Décomposition par l'hypobromite de soude.
2° Etude des cristaux au microscope.
Pour les obtenir, il suffit d'ajouter une goutte

d'acide azotique à une goutte d'urine mise sur une lame de verre. Il se forme des cristaux *d'azotate d'urée*.

Acide urique et purines

On croyait pendant longtemps que l'acide urique prenait naissance dans l'organisme comme produit de décomposition de toute matière albuminoïde. On soutenait que lorsque les oxydations organiques étaient vigoureuses, la grande partie de l'acide urique était oxydée en urée et que, par contre, quand l'organisme présentait un ralentissement de la nutrition générale et l'abaissement des oxydations, l'acide urique, produit intermédiaire de la désagrégation de la molécule albuminoïde, ne subissait plus d'oxydation en urée et qu'il s'accumulait en grande quantité dans le sang, les tissus, les articulations, et s'éliminait aussi en grande proportion avec l'urine. On sait aujourd'hui que cette conception n'est pas fondée. On sait que l'acide urique, ainsi que les autres purines, ne peut se former de n'importe quelle substance albuminoïde, mais qu'il se trouve préformé dans une classe spéciale de matières albuminoïdes, dans les *nucléo-protéides* Ainsi les albumines telles que la caséine, la gélatine, l'ovalbumine, ne fournissent jamais d'acide urique ou d'autres purines, tandis que la chair des animaux, que ce soit bœuf, porc, volaille ou poisson, et surtout leurs organes riches en noyaux, contiennent beaucoup de nucléo-protéides et libèrent par conséquent, dans le cours de leurs décompositions organiques, des purines en général et de l'acide urique en particulier. Les purines et l'acide urique urinaires proviennent de deux sources :

1° Des nucléo-protéides des aliments — *purines exogènes ;*

2° Des nucléo-protéides des noyaux cellulaires de l'organisme, principalement des leucocytes : *purines endogènes*.

Tout processus, physiologique ou pathologique, ayant pour effet la destruction excessive des noyaux cellulaires, se traduit par l'augmentation des purines urinaires en général, et de l'acide urique en particulier,

COMPOSITION CHIMIQUE DE L'ACIDE URIQUE

L'acide urique, $C^5H^4N^4O^3$ (1), est une tri-oxy-purine. Sa formule de constitution est :

$$NH - CO$$
$$CO \qquad C - NH$$
$$\qquad\qquad CO$$
$$NH - C - NH$$

Cristallisé, il se présente sous la forme d'une poudre blanchâtre, très peu soluble dans H^2O, insoluble dans l'alcool, l'éther, le chloroforme.

Dans les sédiments urinaires, il est toujours coloré, en rouge orangé le plus souvent.

L'acide sulfurique concentré *le dissout*.

A l'air, *il fermente*, en présence du *B. ureæ* et du *B. fluorescens*, en donnant de l'urée, puis du carbonate d'ammoniaque.

Il *réduit la liqueur de Fehling en milieu alcalin*.

------

(1) La Société Chimique de France a décidé de désigner l'azote par la lettre N au lieu du signe Az usité jusqu'ici

Réaction de la murexide

On attaque l'acide urique cristallisé par l'acide azotique dans une capsule. On chauffe légèrement et on évapore ensuite à siccité au bain-marie. Si l'on ajoute au résidu de l'ammoniaque, on a une *coloration rouge pourpre ;* si l'on y ajoute de la potasse, on a une *coloration violette.*

Mentionnons, pour mémoire, la constitution de quelques autres dérivés de la purine :

Hypoxanthine — mon-oxy-purine,
Xanthine — di-oxy-purine ;
Théobromine — di-méthyl-di-oxy-purine ;
Caféine — tri-méthyl-di-oxy-purine ;
Adénine — amino-purine ;
Guanine — amino-oxy-purine ; etc.

Le tableau suivant montre comment se comporte l'élimination des purines urinaires, quand l'alimentation varie.

DOSAGE DE L'ACIDE URIQUE + PURINES

Procédé Haycraft-Denigès

I. **Réactifs.** — *a*) Solution titrée argentique ammoniaco-magnésienne demi déci-normale :

1° Dissoudre 150 grammes de chlorhydrate d'ammoniaque, 100 grammes de chlorure de magnésium dans 700 cc. d'ammoniaque concentré à 29°, compléter à 1 litre avec de l'ammoniaque concentré ;

2° Dissoudre 17 grammes d'azotate d'argent pur fondu dans 95 grammes d'eau distillée ; ajouter 1 cc. d'acide nitrique pur ; compléter à 1 litre avec de l'eau distillée.

ALIMENTATION *Riche en purines* (carnee)		ALIMENTATION *Tres pauvre en purines ou sans purines*		
		TRES AZOTIE ANIMALE	PEU AZOTEE ANIMALE	PEU AZOTÉE VLGÉTALE
250 gr. Veau 120 gr. Jambon 300 gr. Pain 30 gr. Fromage 100 gr. Beurre 30 gr. sucre 30 gr. Café 600 gr. Bière		1.000 gr. Lait 600 gr. OEufs 360 gr. Pain 90 gr. Fromage 100 gr. Beurre 600 gr. Biere	500 gr. Lait 240 gr. OEufs 300 gr. Pain 100 gr. Riz 200 gr. Beurre 35 gr. Sucre 600 gr. Bière	500 gr. P. de terre 100 gr. Riz 360 gr. Pain 150 gr. Beurre 40 gr. Sucre gr. Salade 600 gr. Biere
Azote des purines urinaires	0,339	0,202	0,203	0.203
Azote de l'acide urique	0,298	0,190	0,193	0,193
Azote des autres purines .	0,041	0,012	0,011	0,010

Pour l'emploi, mélanger volumes égaux de 1° et de 2°. Conserver en flacons jaunes ou rouges.

b) Solution déci-normale de cyanure de potassium :

Dissoudre 16 à 18 grammes de cyanure de potassium dans 500 cc. d'eau, ajouter 600 cc. d'eau et 10 cc. de lessive soude à 30 p. 100.

c) Solution d'iodure de potassium :

Solution à 100 grammes d'iodure de potassium par litre.

d) Solution déci-normale d'azotate d'argent :

Dissoudre 17 grammes de nitrate d'argent pur fondu dans 9 grammes d'eau distillée ; ajouter 1 cc d'acide nitrique pur ; compléter à 1 litre avec de l'eau distillée.

II. **Technique.** — Dans un vase de Bohême, verser 25 cc. de *a*), ajouter en agitant 100 cc. d'urine, jeter sur un filtre à plis de 20 à 25 centimètres de diamètre. Prendre 100 cc. du liquide filtré, y verser 10 cc de *b*), 20 gouttes de *c*) Verser goutte à goutte la solution *d*) jusqu'à trouble persistant. Pour *n* cc de *d*), on a :

Acide urique + purines $= n \times 0$ gr. 21 (par litre).

III. **Résultats.** — Bons.

Avoir soin de vérifier le titre du cyanure de potassium avant d'en faire usage.

Acide Hippurique

(CO^2H. CH^2. AzH. (C^6H^5. Co)) ou *benzoylglycocholle.*

Excrété normalement au taux de 5 décigrammes à 1 gramme par 24 heures.

Il cristallise en prismes incolores, fusibles à 187°, très peu solubles dans H^2O et l'alcool à froid, beaucoup plus à chaud.

L'acide hippurique *se forme dans le rein, en présence — indispensable — des globules rouges.*

Il provient de l'union, avec élimination d'eau, de l'acide benzoïque, introduit par l'alimentation végétale, avec le glycocholle, produit de dédoublement des albumines.

Tout ce qui augmente, dans l'alimentation, la proportion d'acide benzoïque élève l'excrétion d'acide hippurique.

Créatinine

$(C^4H^7Az^3O)$. Éliminée au taux de 1 gramme environ par 24 heures. C'est un corps faiblement basique, dont les cristaux sont solubles dans H^2O. Elle provient vraisemblablement de la créatine de la viande de l'alimentation ; car, *par le régime lacté exclusif, elle disparaît complètement. Elle augmente, au contraire, par l'exercice musculaire prolongé (autophagie).*

Pigments

L'un des plus importants des pigments urinaires est :

L'*urobiline* $(C^{32}H^{40}Az^4O^7)$. Elle se présente sous la forme d'une poudre amorphe, rouge jaunâtre, à reflets verts. Peu soluble dans H^2O pure, elle l'est davantage en présence de quelques sels neutres. Elle est soluble dans l'alcool et le chloroforme.

Normalement, l'urine n'en renferme que de très petites quantités. Sa présence en quantité notable indique l'*insuffisance de la cellule hépatique.* Le taux de son élimination augmente aussi dans la fièvre.

Réaction de l'urobiline. — On obtient facilement la *fluorescence caractéristique* par le procédé suivant : à une petite quantité d'urine bilieuse, ajouter un volume égal d'acide chlorhydrique. Chauffer, puis après avoir laissé refroidir quelques instants, ajouter de l'éther et agiter vigoureusement. Cet éther dissout l'urobiline et vient se rassembler à la partie supérieure du tube, présentant une belle couleur verte fluorescente.

L'*urochrome* est le pigment jaune normal de l'urine.

L'*uroérythrine* donne aux sédiments leur coloration rouge.

La *mélanine*, pigment pathologique qui donne une teinte brune à l'urine, s'y trouve dans certains cas de *tuberculose* et aussi pendant l'évolution des *tumeurs mélaniques*.

L'*indigogène* ou *indican* est un indoxylsulfate de potassium.

Le *scatol* est un scatoxylsulfate. La recherche de l'indican et du scatol se fait par la même réaction.

Dans un grand tube à essais, on verse 10 cc. d'urine, a laquelle on ajoute un volume égal d'acide chlorhydrique, puis quelques gouttes d'un corps oxydant (perchlorure de fer, ou, de préférence, eaux oxygénée), et l'on verse 1 ou 2 cc de chloroforme Après avoir agité le tube avec précaution et laissé reposer, on voit le chloroforme se rassembler au fond, coloré en :

Bleu violacé s'il s'agit d'*indican*,

Rose s'il s'agit de *scatol*

Ces deux corps ont à peu près la même signification pathologique, leur formation à tous deux étant liée à l'existence de *fermentations intesti-*

nales. On trouve cependant plus fréquemment l'indican que le scatol.

L'indicanurie se montre quelquefois chez les gros mangeurs, les constipés ou les individus atteints de diarrhée dysentériforme. Elle est très fréquente dans la fièvre typhoïde ou dans les maladies aiguës ou chroniques, s'accompagnant de fermentations intestinales exagérées.

Diazo-réaction d'Ehrlich

On a voulu, dans ces derniers temps, faire de la réaction d'Ehrlich, primitivement appliquée à la recherche des acides biliaires, une réaction caractéristique, presque pathognomonique, des *urines typhiques.*

On se sert, pour la faire, de deux solutions dont voici la composition d'après la nouvelle formule de *Friedenwald :*

Solution A { paramidoacétophénol 0 gr. 50
acide chlorhydrique conc. 50 gr.
eau distillée pour faire 100 cc.

Solution B { nitrite de soude 0 gr. 50.
eau distillée 100 cc.

On met dans un tube à essais 1 cc. d'urine $+$ 1 cc. de la solution A. On ajoute goutte à goutte un demi cc. de la solution B, puis on laisse tomber 2 ou 3 gouttes d'ammoniaque. On agite fortement, de façon à faire mousser le mélange. Si la réaction est positive, le liquide et la mousse doivent prendre une *coloration rouge orangé.*

En réalité, cette réaction n'est pas constante dans la fièvre typhoïde ; d'autre part, on l'obtient souvent dans des urines normales. L'un de nous (F.) l'ayant systématiquement recherchée dans un grand nombre d'urines pathologiques, a *toujours vu la diazo-réaction coexister avec la réaction de l'indican.*

Azote total

L'azote de l'urée en représente la plus grande partie (80 à 85 p 100).

Le poids d'azote excrété en moyenne par un homme sain, de poids moyen, en 24 heures, oscille entre *12 et 14 grammes.*

L'alimentation exerce une influence marquée sur le taux de cette excrétion, qui atteint son maximum 5 ou 6 heures après les repas.

On a noté un grand nombre de *causes d'augmentation de l'azote total* ; l'ingestion du salicylate de soude, et peut-être des sels alcalins ; l'alcool; le phosphore. Dans la fièvre typhoïde, le carcinome, le choléra, l'azote total atteint un chiffre notable. C'est dans le diabète qu'il atteint le taux le plus élevé, qui peut être deux et trois fois supérieur à la normale.

Les *causes de diminution* sont : les maladies cachectisantes chroniques, et surtout l'inanition.

Dans ce dernier cas, l'azote total se maintient pendant les deux ou trois premiers jours, puis il s'abaisse brusquement et reste ensuite à peu près invariable (2 gr. environ par 24 heures).

RAPPORT AZOTURIQUE

M. le professeur A. Robin a imaginé d'exprimer par un rapport arithmétique les variations parallèles de l'excrétion de l'azote total et de l'azote de l'urée. La connaissance de ce rapport fournirait des indications importantes sur le fonctionnement de la nutrition et des échanges de l'organisme. Appelé successivement *coefficient d'oxydation de M. Albert*

*Robin, coefficient d'utilisation des matières albu-
minoïdes*, on a décidé, au Congrès de chimie
appliquée (1896), de l'appeler plus simplement
rapport azoturique.

Il représente le coefficient obtenu en divisant
le poids de l'azote de l'urée par le poids de l'azote
total.

$$\text{Normalement } \frac{\text{Az U}}{\text{Az T}} = \frac{9}{10}$$

*Il diminue dans les maladies à évolution chro-
nique et augmente dans les maladies aigues
fébriles.*

DOSAGE DE L'AZOTE TOTAL

La méthode de dosage la plus employée est
celle de *Kjehldal*.

Elle est basée sur la transformation de l'azote
des corps quaternaires en ammoniaque par l'acide
sulfurique concentré et bouillant.

Prendre 25 cc. d'urine, les mettre dans un
matras de 100 cc. en verre d'Iéna avec 5 cc. d'acide
sulfurique à 66° B. Chauffer doucement d'abord,
puis maintenir à douce ébullition pendant une
heure et demie environ Quand le liquide est
devenu incolore ou jaune paille, le verser dans
une fiole jaugée de 100 cc. Au lieu du procédé clas-
sique qui consiste à distiller l'ammoniaque en présence d'un excès de soude nous recommandons la
méthode suivante dans laquelle la distillation est
évitée. Rincer le matras à l'eau distillée et joindre
cette eau au premier liquide. Neutraliser alors en
ajoutant 18 à 20 cc. de lessive de soude ordinaire
(35° B). Faire cette neutralisation en employant
comme indicateur coloré la solution alcoolique de
phtaléine du phénol. Dépasser légèrement la neutralisation de manière à teinter le liquide en rose

très pâle, puis revenir en solution acide avec quelques gouttes d'acide sulfurique ordinaire (1 à 2 gouttes suffisent). Laisser refroidir et compléter à 100 cc.

Prendre 10 cc. de cette solution, y verser de la soude déci-normale jusqu'à être arrivé à stricte neutralité.

Ajouter 3 cc. de solution d'aldéhyde formique, qui met en liberté l'acide des sels ammoniacaux, d'après la formule : $2[(NH^4)^2SO^4]+6H.COH = 2H^2SO^4 + N(CH^2 — N = CH^2)^3$ (hexa-méthylène — tétramine) $6H^2O$

Titrer l'acide mis en liberté par la soude déci-normale.

Si l'on a employé n cc. de soude déci-normale pour revenir à neutralité, on aura :

Poids d'azote total en grammes par litre d'urine $= 0,56 \times n$.

Résultats. — Bons

Avoir soin d'employer du formol pur, bien neutre.

Acide oxalique

L'acide oxalique est le *corps ternaire* le plus important de ceux que renferme l'urine.

Il s'y trouve à l'état d'*oxalate de chaux*, qui se dépose en prismes octaédriques. Le taux de son excrétion atteint 0,02 centigrammes par 24 heures.

Les acides gras, le glucose, l'acide lactique ne se trouvent qu'en proportions infinitésimales dans l'urine normale ; on y a même parfois contesté leur présence.

Chlorures

Parmi les *sels minéraux* de l'urine, les chlorures tiennent la place la plus importante.

Le chlore urinaire est toujours combiné au potassium, au calcium, au sodium, surtout au sodium. C'est pourquoi l'on évalue en chlorure de sodium la teneur en chlore de l'urine.

Normalement, on en trouve 12 à 14 grammes par 24 heures.

Dans les maladies, la quantité de chlorure de sodium éliminé baisse ; et l'on peut dire, d'une façon générale, que sa diminution est parallèle à l'aggravation de l'état morbide

Son augmentation, subite ou progressive, dans les états pathologiques aigus fébriles, est d'un excellent pronostic : elle annonce la défervescence.

Les travaux récents de MM. Widal et Javal, Achard, Chauffard et leurs élèves, ont établi que, chez les *cardiaques* et les *brightiques*, le rein — dont l'activité fonctionnelle est notablement diminuée — ne peut éliminer qu'une quantité de chlorures assez réduite.

D'autre part, la rétention et l'accumulation des chlorures dans l'organisme devient le point de départ des *œdèmes* On voit donc que, en se tenant constamment au courant de la quantité de chlorures éliminée par ces malades, on peut se faire une idée suffisamment juste du degré de perméabilité de leur rein D'où l'importance pronostique des variations du taux de cette élimination ; d'où encore la possibilité d'établir un *régime alimentaire achloruré*, qui aura l'avantage de ne pas imposer au rein un travail supérieur à son activité fonctionnelle, et deviendra le meilleur moyen curatif et préventif à mettre en œuvre pour activer la résorption des œdèmes et activer leur apparition (1).

DOSAGE DES CHLORURES

Méthode de Mohr. — Elle consiste à précipiter le chlore par l'*azotate d'argent*.

Réactifs. — *a*) Solution de nitrate d'argent à 29 gr. 10 nitrate d'argent pur et sec par litre ;
b) Solution de chromate de potassium neutre à 25 p. 100.

Mode opératoire. — Prendre 10 cc. d'urine. Etendre à environ 100 cc. Verser 5 à 6 gouttes de la solution *b*), puis, en agitant, goutte à goutte la solution *a*) jusqu'à coloration franchement rouge.

Résultats. — Le nombre de cc. de la solution argentique donne directement les grammes par litre des chlorures exprimés en NaCl.

Phosphates

Les phosphates proviennent de l'alimentation par désassimilation des tissus.

Leur masse totale correspond à *2 grammes environ d'anhydride phosphorique* (P^2O^5) *par litre*.

Physiologiquement, l'acide phosphorique augmente après les repas, surtout les repas abondamment carnés.

En clinique, on a noté l'hypersécrétion phosphatique dans l'*atrophie aigue du foie*, les *méningites*, la *tuberculose* à sa première période.

-----

(1) Lire, à ce sujet, l'article de MM. Hallion et Cantonnet sur *le rôle des chlorures en pathologie,* paru dans les *Archives générales de Médecine* (N° du 26 avril 1904.)

On a donné le nom de *diabète phosphaturique* à un trouble de la nutrition aboutissant à l'élimination de quantités énormes d'acide phosphorique (10 grammes en 24 heures).

DOSAGE DES PHOSPHATES

Méthode de Neubauer. — Cette méthode est basée sur la précipitation des phosphates par *l'acétate d'urane*.

Réactifs. — 1° Solution titrée de nitrate d'urane à 1 cc. = 0,005 P^2O^5 ;

2° Mélange acétique d'après la formule :

Acétate de soude cristallisé..	100 gr.
Acide acétique glacial.	5 cc.
Eau distillée q. s.	1.000 cc

3° Solution à 10 p. 100 de ferro-cyanure de potassium (prussiate jaune).

Mode opératoire. — Mettre dans un verre 50 cc. d'urine, ajouter 5 cc. de mélange acétique, porter à ébullition, puis ajouter la solution d'urane jusqu'à ce que des prises d'essai portées avec un agitateur sur des gouttelettes isolées de prussiate placées sur une soucoupe donnent une teinte brune de ferrocyanure d'urane. Le nombre de cc. de la solution d'urane, divisé par 10, donne les grammes de P^2O^3 par litre d'urine.

Sulfates

Les sulfates proviennent *des aliments, des tissus et de l'oxydation du soufre des albumines.*

Leur excrétion normale atteint 2 grammes par 24 heures. Leur élimination est parallèle à celle de l'urée : *la sulfaturie va de pair avec l'azoturie.*

Ammoniaque

Le rein élimine, par 24 heures, 0,50 à 0,70 centi-grammes d'ammoniaque, qui provient de la des-truction des albumines de l'alimentation et de la désassimilation des tissus. L'ammoniaque se trouve dans l'urine sous forme de sels ammonia-caux : urate d'ammoniaque, phosphate d'ammo-niaque, etc

La quantité d'ammoniaque augmente avec l'aci-dité urinaire (1).

Gaz

Les gaz dans l'urine atteignent le chiffre de 20 à 25 cc par litre

CO^2 entre pour   65 p. 100 dans le volume total.
O   —   2,74   —   —
Az   —   31,86   —   —

II — URINE PATHOLOGIQUE

ÉLÉMENTS ANORMAUX DE L'URINE

Les éléments anormaux que l'on peut déceler dans l'urine ont des origines diverses ·

Les uns proviennent de l'organisme lui-même ; ils ont une *origine intrinsèque.* Tels sont · le *sucre,* la *lactose,* l'*acétone,* l'*albumine,* la *fibrine,* les *albumoses* et les *peptones.*

D'autres sont constitués par des *éléments de l'organisme plus ou moins modifiés,* tels le *sang,* le *pus,* la *bile,* les *pigments biliaires.*

———————

(1) M Frenkel, Médication phospho-acide au point de vue bio-chimique. *Progrès médical,* 1906, n° 9.

D'autres enfin ont une *origine extrinsèque :* ce
sont les *substances médicamenteuses, toxiques,*
etc., introduites dans l'organisme par une voie
quelconque et que l'on retrouve dans l'urine, soit
à leur état primitif, soit à l'état de combinaisons,
soit enfin plus ou moins modifiées

Glucose

($C^6H^{12}O^6$) Normalement, l'urine ne contient que
des traces de glucose.

Il peut arriver que, après l'ingestion de grandes
quantités de sucre, l'organisme ne suffise pas à en
faire la transformation totale On voit alors apparaître une glucosurie plus ou moins marquée, à
laquelle on a donné le nom de *glucosurie alimentaire*

Une *glucosurie accidentelle* peut être observée à
la suite de troubles passagers (*froid, émotions*).

Le *diabète sucré,* au contraire, s'installe à la
suite de troubles permanents de la nutrition.

Dans le diabète, la *glycémie* et la *glucosurie ne
vont, en général, pas parallèlement ;* la quantité
du sucre qui passe dans les urines est le plus souvent supérieure à celle qui se trouve dans le sang :
ce fait tient à l'état du rein.

D'autres affections que le diabète peuvent s'ac-
compagner de glucosurie : les *lésions du 4e ventri-
cule,* où se trouve le centre glucosurique ; les
*méningites cérébro-spinales ; certaines affections
du foie* et, indirectement, les affections du cœur et
du poumon pouvant aboutir à *l'asystolie hépatique ;* les intoxications par l'*oxyde de carbone,* le
curare, le *chloroforme,* la *morphine,* les *sels mercuriaux*

Caractères des urines des diabétiques.
— Elles sont *pâles* et *très abondantes,* leur *poids*

spécifique est élevé ; on y trouve *un excès d'urée et de matières azotées et salines* ; le *sucre*, enfin, peut y atteindre un taux très élevé, jusqu'à 200, 300 grammes par 24 heures, et même parfois davantage.

RECHERCHE QUALITATIVE DU SUCRE

Il faut avant tout rechercher si l'urine est albumineuse.

Dans ce cas, on précipite d'abord l'albumine par la chaleur en présence de quelques gouttes d'acide acétique ; puis on filtre et on neutralise le liquide filtré.

On peut déceler le glucose par un certain nombre de procédés, dont voici les principaux :

Polarisation

On décolore 100 cc. d'urine par 10 cc. de sous-acétate de plomb, et on examine le *filtratum* au polarimètre, qui accuse une déviation de la lumière polarisée *à droite*. La lecture du nombre des divisions dont il faut tourner le nicol analyseur pour ramener à l'égalité des teintes indique la teneur de l'urine en sucre.

Potasse caustique

L'urine sucrée bouillie après addition d'un peu de potasse caustique, prend une teinte *jaune foncé* ou *brune*.

Réactif de Fehling

Pour rechercher le sucre à l'aide du réactif de Fehling, il faut tout d'abord s'assurer que ce réactif n'est pas altéré.

Préparation de la liqueur de Fehling

Solution 1 :

Sulfate de cuivre cristallisé pur et sec non
effleuré... ....   34 gr. 639
Eau distillée q. s pour faire   1.000 cc.

Solution 2 :

Sel de Seignette (tartrate de potasse et de
soude) . .. .   173 gr
Soude caustique pure et sèche   60 gr.
Eau distillée q. s. pour faire..   1.000 cc.
Mélanger volumes égaux de 1 et 2.

On en verse d'abord 1 cc. environ dans un tube
à essais, que l'on fait chauffer.

Si la liqueur de Fehling n'est pas de préparation
récente, elle peut en effet se réduire en se décolo-
rant à l'ébullition.

Cet essai une fois fait, on ajoute au réactif son
volume d'urine, et l'on porte à l'ébullition En présence du sucre, la liqueur de Fehling est réduite
immédiatement, *perd sa couleur bleue et prend
une teinte rougeâtre.*

Cette réduction se produit *très rapidement* lorsqu'on a affaire à des urines sucrées. Si elle ne se
manifeste qu'après une ébullition prolongée, et
d'une façon incomplète, ce n'est généralement pas
au glucose qu'elle est due. Les urines *acétonu-
riques* et *chloralées* réagissent parfois de cette
façon ; de même l'élimination de certains médicaments, de la *marétine*, en particulier, peut con-
férer à l'urine la propriété de réduire la liqueur de
Fehling.

Il faut donc s'assurer, lorsqu'une urine réduit la
liqueur de Fehling, si c'est bien au sucre qu'est
due cette réaction. On ajoute, à une petite quan-

tité de cette urine, du *sous-nitrate de bismuth* et un peu de *potasse:* la présence du glucose est décelée par un *précipité noir* de bismuth métallique (voir page 57 : réactif de *Nylander*)

La réaction de la *phénylhydrazine*, par laquelle on obtient la *phénylglucozasone*, et celle de la *fermentation*, obtenue avec de la levure de bière purifiée, sont beaucoup moins usitées

DOSAGE DU SUCRE

Polarimètre

On peut, comme nous l'avons dit plus haut, apprécier la quantité de sucre contenue dans une urine par le nombre de divisions dont elle fait dévier la lumière polarisée à droite.

Méthode de Fehling

Un centimètre cube de liqueur de Fehling bien préparée est ordinairement réduite par 0,005 milligrammes de glucose Il est facile de se servir de ce réactif comme moyen de dosage (1).

Pour faciliter les opérations et en rendre le résultat plus précis, il est bon de diluer l'urine dans une proportion déterminée si elle est très sucrée, de telle sorte que sa teneur en sucre ne dépasse pas 0,5 décigr. p 100, ce dont un essai préliminaire a permis de s'assurer

Puis, dans *10 cc. de réactif étendus de 20 cc. d'eau* et maintenus à l'ébullition dans un ballon,

---

(1) On doit toujours s'assurer, avant tout dosage, de la correspondance en glucose de la liqueur de Fehling employee.

on fait tomber l'urine goutte à goutte jusqu'à décoloration complète.

On lit ensuite le volume d'urine employé, lequel contenait la quantité de glucose à laquelle correspondent 10 cc. de liqueur de Fehling, c'est-à-dire 0,05 centigrammes.

Lactose

L'urine des nouvelles accouchées contient souvent de la lactose, dont on ne trouve — rarement d'ailleurs — que des traces dans l'urine normale. Elle réduit la liqueur de Fehling et dévie à droite la lumière polarisée.

Elle ne fermente pas directement avec la levure ordinaire.

Acétone

($CH^3CO\ CH^3$). L'acétone est un liquide très mobile, soluble dans l'eau.

Sa valeur dans l'urine varie de quelques centigrammes a 2 grammes.

L'acétonurie est presque constante à la période terminale des diabètes graves pendant le *coma diabétique*. La présence de l'acétone dans l'organisme communique souvent à l'haleine une *odeur caractéristique*, comparable à celle de la pomme de remette.

Une alimentation riche en albumine peut faire naître une acétonurie transitoire ; l *inaniton* s'accompagne parfois du même phénomène. Il n'est pas rare enfin de trouver l'acétone dans l'urine des *cancéreux* et des *typhiques*

L'acétone paraît être un produit de dédoublement anormal des matières protéiques, et peut être, dans certains cas, due à l'oxydation incomplète des hydrocarbonés.

Réactions de l'acétone. — La présence de l'acétone dans l'urine ne lui confère *aucun pouvoir rotatoire*.

Une petite quantité d'une urine acétonurique additionnée de *quelques gouttes de perchlorure de fer* prend une belle *coloration rouge*.

Réaction de Gunning. — A quelques cc. d'urine, on ajoute deux ou trois gouttes de *teinture d'iode*, puis quelques gouttes d'*ammoniaque*. Il se forme un précipité noirâtre, composé d'iodoforme et d'iodure d'azote. Ce dernier corps disparaît bientôt ; et, après quelque temps, on aperçoit au fond du tube des cristaux jaunes qui, après décantation, dégagent l'odeur caractéristique de l'*iodoforme*.

N. B. — Pour donner aux réactions de l'acétone une plus grande netteté, il est bon d'opérer sur le produit de distillation de 100 cc. d'urine.

Acide diacétique

Se présentant sous l'aspect d'un *liquide acide, incolore, mobile*, l'acide diacétique est très instable et se dédouble très facilement en acide carbonique et acétone.

La diacéturie *précède* très fréquemment le *coma diabétique*. Elle présente donc, à ce titre, une valeur pronostique assez importante.

Réaction de Gehrardt. — Si l'on ajoute à l'urine diacétique non bouillie et fraîchement émise, *quelques gouttes de perchlorure de fer*, on obtient une teinte caractéristique *rouge vin de Porto*.

Acide β — oxybutyrique

($CH^3CH\ OH.CH^2.CO^2H$). Ce corps est un homologue de l'acide lactique. Il confère à l'urine un *pouvoir rotatoire lévogyre*. On le trouve fréquemment dans l'urine et le sang pendant le *coma diabétique* ; il accompagne souvent l'acétone.

Pour rechercher l'acide β-oxybutyrique, on fait fermenter l'urine avec de la levure ; le liquide filtré est précipité par le sous-acétate de plomb ammoniacal et examiné au polarimètre : s'il dévie vers la gauche, c'est un indice très probant (*Hugounenq*).

Albumine

L'albumine, *corps protéique*, est, avec le sucre, corps ternaire, l'élément pathologique le plus important à rechercher dans les urines.

On l'y trouve dans un grand nombre d'*états pathologiques fébriles*.

Le poids d'albumine par litre d'urine est très variable. Les quantités trouvées oscillent depuis les traces impondérables jusqu'à 10 grammes par litre, et plus parfois. Ce sont naturellement les urines des *néphrites* qui contiennent le plus d'albumine.

L'albumine est constituée chimiquement par l'association de deux corps très voisins : la *globuline* et la *sérine*, celle-ci en majeure partie.

Un grand nombre de théories ont été proposées pour expliquer le passage de l'albumine dans les urines. Mais leur exposé et leur discussion ne sauraient trouver place ici, ces faits relevant de la pathologie générale.

RECHERCHE QUALITATIVE DE L'ALBUMINE

L'albumine peut être décelée par de multiples réactions, dont voici les plus simples et les plus employées en clinique :

1° *Acide azotique, à froid*

On verse une certaine quantité d'urine — préalablement filtrée — dans un verre. Puis on verse doucement, le long des parois du verre, un peu d'acide azotique. Ce dernier, plus lourd, gagne le fond du récipient et, à la limite de séparation des deux liquides, on voit apparaître un *disque blanc jaunâtre* caractéristique (*Réaction de Heller.*)

2° *Chaleur*

On porte à l'ébullition quelques cc. d'urine dans un tube à essais On voit quelquefois, sous l'action de la chaleur, se produire un précipité blanc floconneux. Si le précipité *persiste et s'accentue*, après l'addition de quelques gouttes d'*acide acétique*, c'est qu'il est constitué par de l'albumine. S'il se dissout, au contraire, et disparaît, en partie ou en totalité, c'est qu'on a affaire, soit à des sels solubles en liqueur acétique (*phosphates et carbonates terreux*), soit à une *albumine acéto-soluble*. Ces albumines acéto-solubles, ou *acidalbumines*, sont des produits de transformation des matières albuminoïdes — par l'effet de la chaleur — en *produits solubles* intermédiaires à l'albumine et aux *albumoses* que nous étudions plus loin.

« Ces solubilisations par l'acide acétique s'observent principalement dans les urines *pauvres en chlorures*, dans celles dont les albumines sont déjà modifiées du fait de la maladie, ou, plus souvent, par les fermentations bactériennes, ainsi que cela se produit lorsque l'urine a été abandonnée dans un vase exposé à l'air par une forte température. » (Brault).

On évite ces causes d'erreurs en ajoutant à l'urine traitée à chaud par l'acide acétique une petite quantité d'un sel neutre (du chlorure de sodium, par exemple), en présence duquel le précipité albumineux ne subit pas de modifications.

3° *Réactif d'Esbach* (1)

Ce réactif, assez sensible, précipite l'albumine à froid, et le *coagulum* ainsi obtenu est *insoluble à chaud*.

Si l'on a obtenu un *précipité qui se redissout par la chaleur*, c'est que l'urine examinée contient, non de l'albumine, mais des *peptones*. (*V. plus loin.*)

4° *Acide trichloracétique*

L'acide trichloracétique ajouté à l'urine en précipite l'albumine à froid, le *coagulum* ne se redissout pas à chaud, pas plus que par addition d'un excès de réactif. C'est donc un procédé très fidèle.

5° *Sels de mercure: Réactif de Tanret* (2)

Si, en versant une petite quantité de réactif de Tanret dans l'urine, on obtient, à froid, un préci-

---

(1) Composition du réactif d'Esbach
    Acide citrique   ..   ...   2 gr
    Acide picrique   .   1 gr.
    Eau distillée   .   .   100 cc

(2) Composition du réactif de Tanret
    Bichlorure de mercure . ..   1 gr. 35
    Iodure de potassium. . .   3 gr. 32
    Acide acétique cristallisable   20 cc
    Eau distillée..... . .. .   Q. S p 100 cc.

pité ne disparaissant *ni par la chaleur, ni par addition d'alcool*, on peut conclure à la présence de l'albumine. Le réactif de Tanret doit être ajouté en excès, car la combinaison albumino-mercurique est soluble dans l'albumine non encore combinée.

Le réactif de Tanret ne précipiterait pas, d'après Brasse, les *leucomaines*, telles que la xanthine et l'hypoxantine, ni la *créatinine ;* Méhu, au contraire, affirme la précipitation de la *xanthine* et de la *créatinine*.

Réactif de Millon (1)

Le réactif de Millon produit, dans une urine albumineuse, un *précipité blanc* qui devient rapidement *rouge* à l'ébullition.

N.-B. — Les sels de mercure ont une *sensibilité* exagérée ; ils précipitent à *froid* toutes les matières albuminoïdes, y compris les *peptones vrais* et les *alcaloides*. Les précipités *insolubles à chaud* correspondent à l'albumine ; ceux qui sont *solubles à chaud* ou même *à froid après addition d'alcool* sont dus aux peptones, aux albumoses, aux alcaloides.

Les réactions que nous venons d'exposer sont des *réactions de précipitation ;* l'albumine peut aussi être décelée par des *réactions de coloration*, dont deux surtout sont fréquemment employées : la *réaction du biuret* et la *réaction xanthoprotéique*.

6° Réaction du biuret

L'urine albumineuse additionnée de quelques gouttes de *sulfate de cuivre en solution étendue* et

---

(1) Le réactif de Millon est une solution de nitrate de mercure dans l'acide nitrique nitreux.

d'un peu de *lessive de soude*, prend une *coloration violacée*.

7° *Réaction xanthoprotéique*

Si l'on traite par l'*acide azotique* à l'ébullition une urine contenant de l'albumine, elle se teinte en *jaune clair*.

Si l'on ajoute *ensuite* de la *soude* ou de la *potasse caustique*, cette coloration vire au *jaune orangé foncé*.

DOSAGE DE L'ALBUMINE

1° *Procédé d'Esbach*

Le procédé de dosage de l'albumine par le *tube d'Esbach* est un procédé commode et couramment employé en clinique ; mais il faut bien savoir qu'il n'est pas d'une grande précision, et que les chiffres qu'il indique sont tantôt trop forts, tantôt trop faibles

L'albuminimètre d'Esbach est un tube en verre, d'un diamètre de 1 cm. 5 environ, portant sur ses parois deux divisions principales : l'une au tiers de sa hauteur, à côté de laquelle est gravée la lettre U ; l'autre au tiers supérieur, à laquelle est annexée la lettre R.

La partie inférieure porte des divisions croissant de bas en haut.

On verse l'urine albumineuse dans le tube jusqu'à la lettre U ; puis on remplit jusqu'en R avec le réactif d'Esbach. On bouche le tube et, après l'avoir agité, on le laisse reposer 24 heures. Le précipité formé se rassemble au fond du tube ; et le chiffre de la division jusqu'à laquelle s'élèvera le *coagulum* indique le *nombre de grammes d'albumine par litre d'urine*

Il faut prendre garde de confondre le dépôt amorphe d'albumine avec un dépôt cristallin que donne souvent le réactif d'Esbach et qui est du *picrate de créatinine.*

M. Paquet (1) a trouvé récemment un mode opératoire permettant de faire, par la méthode d'Esbach, le dosage *rapide* de l'albumine dans les urines.

Il verse, comme il vient d'être décrit, l'urine et le réactif dans le tube albuminimètre, agite vigoureusement et *soumet à l'ébullition* pendant une minute. Toute l'albumine se coagule et, après 20 à 25 minutes de repos, se rassemble au fond du tube.

Les résultats obtenus seraient sensiblement superposables à ceux que donne le dosage à froid.

2° Coagulation par la chaleur en liqueur acétique, et pesée.

3° Acide trichloracélique

Le procédé de dosage par l'acide trichloracétique est certainement le meilleur.

Manuel opératoire. — Verser *20 cc. d'urine* dans un verre à fond plat. Ajouter *10 cc. d'une solution d'acide trichloracélique au quart.* Chauffer au bain-marie pendant quelques minutes et jeter sur un filtre taré et sans plis. Laver le précipité resté sur le filtre avec de l'*alcool à 90°.* (On sait,

---

(1) PAQUET, *Revue pratique des maladies des organes genito-urinaires* (mai 1904)

en effet, que les matières albuminoïdes sont insolubles dans l'alcool)

Le placer à l'étuve à 100°. Au bout de 24 heures, peser à nouveau le filtre.

La différence du poids indique la quantité qui, multipliée par 50, donne le poids d'albumine par litre d'urine.

Séparation de la sérine et de la globuline.

— Dans la grande majorité des cas, il n'est pas nécessaire de rechercher la part respective que prennent la sérine et la globuline dans la constitution de l'albumine proprement dite.

Elles s'y trouvent presque toujours dans des proportions peu ou point variables, et il est tout à fait exceptionnel que l'une ou l'autre de ces albumines existe isolément dans l'urine.

Quoi qu'il en soit, si l'on veut distinguer la sérine de la globuline, il suffit d'ajouter à l urine du *sulfate de magnésie* à saturation.

La *globuline seule* précipite.

La *méthode de Hammarsten*, basée sur ce principe, permet de *doser* la sérine et la globuline.

Nucléo-albumines

Les nucléo-albumines ne sont *pas décelables par l'acide nitrique à froid*. Ou bien, si elles donnent un léger anneau, ce dernier disparaît par agitation du liquide, le précipité étant soluble dans l'acide en excès.

Les nucléo-albumines précipitent au contraire par l'acide acétique.

Leur signification pathologique est liée à celle de l'albumine proprement dite.

Albumoses

Les albumoses ou *propeptones* sont des substances intermédiaires aux albumines et aux peptones.

On en trouve quelquefois dans les *urines des femmes enceintes et des nouvelles accouchées.*

On peut aussi la rencontrer au cours de *maladies aigues :* pneumonie, dothiénentérie.

Elle a été signalée dans quelques cas d'*ulcère* et de *cancer de l'estomac*, d'*intoxication phosphorée*, de *leucocythémie.*

Les albumoses sont précipitées par les solutions saturées de *sulfate d'ammoniaque*, lesquelles n'ont pas d'action sur les peptones (Kuhne).

Les urines albumosiques traitées par l'*acide nitrique à froid* peuvent se troubler d'un léger précipité qui *se redissout à chaud.*

Peptones

La peptone ne se rencontre que rarement dans les urines.

On l'y trouverait surtout dans les maladies où les globules blancs altérés laissent exsuder leurs produits de désassimilation, dans les cas de suppurations étendues, de tuberculose à la période cavitaire, d'ostéomyélite.

On tend actuellement à admettre que la *peptone vraie* (peptone de Kuhne non précipitable par le sulfate d'ammoniaque à saturation), ne se rencontre presque jamais dans l'urine. Dans la plupart des cas relatés dans la littérature médicale, ces prétendues peptones ne seraient que des variétés d'albumoses (Brault).

Les peptones donnent, en présence du réactif d'Esbach, à froid, un léger précipité soluble à chaud.

Médicaments, substances toxiques dans l'urine. — Leur recherche

1° Iodures alcalins. — On est souvent appelé à rechercher dans l'urine un iodure alcalin.

Pour cela, on ajoute, à une petite quantité de cette dernière, dans un tube à essais, de l'*acide azotique ;* et l'on agite, après l'addition d'un peu de *chloroforme.* Ce dernier prend une *teinte violacée*, caractéristique de l'iode.

Quand on cherche l'indican (voir page 32) dans une urine contenant des iodures, on obtient une teinte violacée qui masque la teinte bleue de l'indigo.

On ajoute alors au mélange liquide un petit cristal d'hyposulfite de soude et on agite doucement. Aussitôt la teinte de l'iode disparaît et on peut apprécier l'intensité de la réaction due à l'indican.

2° Bromures alcalins. — On peut les déceler par la même réaction que les iodures Mais dans ce cas, le chloroforme prend une *teinte brune.*

N.-B. — Pour obtenir une réaction nette, il est bon de précipiter, auparavant, l'albumine — si l'urine en contient — et d'opérer après filtration.

3° Arsenic. — Pour rechercher l'arsenic dans l'urine, *Armand Gautier* conseille de procéder de la façon suivante : on évapore à siccité ; on traite le résidu par l'*acide sulfurique* en présence de l'*acide nitrique ;* on épuise par l'eau bouillante, et dans cette solution, on précipite l'arsenic par l'*hydrogène sulfuré.* On *lave* le précipité jaune orangé ainsi obtenu, puis on le dissout dans l'*ammoniaque.* On laisse évaporer, et le résidu, oxydé par *l'acide nitrique*, est introduit dans *l'appareil de Marsh*.

4° **Mercure.** — Disons tout d'abord qu'une grande partie du mercure introduit dans l'organisme est éliminé par les *selles*. Néanmoins, après absoption d'une quantité, même minime, de ce métal, on peut en déceler la présence dans l'urine.

Un procédé de recherche simple et rapide consiste à plonger quelques instants, dans l'urine portée à l'ébullition, un fragment de cuivre ou une pièce de monnaie de billon On voit se déposer, à sa surface, une *couche blanche* de mercure

L'appareil de Cazeneuve est basé sur ce principe. Il permet de faire passer l'urine, légèrement acidulée par de l'acide chlorhydrique, sur un petit manchon de toile métallique en laiton. Ce manchon, sur lequel s'est déposé le mercure, est lavé et séché, puis introduit dans un tube en verre vert, fermé à une extrémité et muni à l'autre d'une pointe effilée où le mercure vient se condenser quand on chauffe le manchon métallique.

En faisant passer sur la couche de mercure des vapeurs d'iode, on obtient un *enduit rouge d'iodure mercurique*.

5° **Chloroforme.** — Le chloroforme se retrouve dans l'urine, en partie à l'état primitif, en partie à l'état de combinaisons plus ou moins complexes.

L'urine chloroformique *réduit la liqueur de Fehling* ; de plus, si l'on ajoute de *l'alcool*, de la *potasse* ou du *naphtol-β* à son produit de distillation, on le voit prendre, à une douce chaleur, une *teinte bleue* (Lustgarten).

6° **Chloral.** — Le chloral est éliminé par les urines a l'état d'*acide uro-chloralique*.

L'urine chloralée *réduit parfois la liqueur de*

Fehling, mais reste sans effet sur le *réactif de Nylander* (1). Elle ne donne pas de coloration avec le *perchlorure de fer* et *ne réduit pas le sous-nitrate de bismuth*.

De plus, elle ne *fermente pas* comme l'urine sucrée et possède un *pouvoir rotatoire lévogyre*.

7° **Antipyrine.** — Après ingestion d'antipyrine, si l'on ajoute à de l'urine fraîchement émise quelques gouttes de *perchlorure de fer*, on voit apparaître une *teinte rouge* persistant à l'ébullition.

8° **Acide salicylique.** — L'urine salicylée, acidulée par l'*acide chlorhydrique*, donne, par addition de quelques gouttes de *perchlorure de fer*, une coloration *violette*.

9° **Phénols.** — Les phénols s'éliminent à l état d'*éthers*, en combinaison avec l'acide sulfurique ($C^6H^5O\ SO^3H$). Les urines phénolées sont colorées en *brun*.

10° **Alcaloïdes.** — Pour extraire les alcaloïdes contenus dans l'urine, on soumet le résidu de son évaporation au bain-marie à la série d'opérations qui constituent le *procédé de Dragendorff*, dans le détail duquel nous ne pouvons entrer ici.

---

(1) Composition du réactif de Nylander

Soude caustique à 1,33 . ..	60 gr
Sous-nitrate de bismuth .	8 —
Sel de Seignette	4 —
Eau distillée...	95 —

On fait chauffer jusque vers 95°, on filtre le liquide refroidi et on ajoute

Glycérine à 30°	20 gr.

En présence de l'urine sucrée, à l'ébullition, ce réactif donne un précipité *gris* ou *noir fonce*, suivant la teneur plus ou moins grande de l'urine en sucre.

Une fois isolés, on les caractérise par leurs réactions propres.

Pour quelques-uns, on emploie des réactions particulières :

Cocaïne. — Concentrer doucement l'urine, presque à siccité, agiter avec du bicarbonate de soude et de l'éther qu'on renouvellera plusieurs fois, décanter l'éther, l'évaporer, et au résidu des liqueurs réunies, ajouter un peu d'alcool et d'acide sulfurique. La formation de benzoate d'éthyle sera accusée par son odeur aromatique et pénétrante. (Cette réaction se produit également avec tous les composés benzoïques.)

Morphine. — Mettre à digérer, à 60°, 50 cc. d'urine avec 0 gr. 25 d'acide tartrique et 100 cc. d'alcool amylique. On décompose le tartrate de morphine par l'eau ammoniacale et, dans le résidu de l'évaporation de l'alcool amylique, on caractérise l'alcaloïde par le *réactif de Frohde* (molybdate d'ammoniaque et acide sulfurique) qui se colore en violet, ou par la *réduction de l'acide iodique*, ou par la *coloration bleue* que prend un mélange de ferri-cyanure et de perchlorure de fer. (Lyon et Loiseau).

Sang dans l'urine

Toute urine contenant du sang présente une *teinte rouge* plus ou moins accentuée suivant l'abondance de l'hématurie.

Pour rechercher si c'est réellement au sang que l'urine doit sa coloration, on peut, soit la soumettre à l'*analyse spectrale* (v. plus loin le *spectre du sang*), soit à l'*analyse microscopique*, qui décèle la présence des globules sanguins.

A côté de l'hématurie, il faut citer l'*hémoglobinurie*, c'est-à-dire les cas où l'hémoglobine se trouve seule en dissolution dans l'urine, sans globules. C'est encore l'*analyse spectrale* qui nous fixera sur ce point (v. plus loin : les *bandes d'absorption de l'hémoglobine*).

Les urines sont sanglantes dans un grand nombre d'affections des voies urinaires, aussi bien de l'urètre que de la vessie et du rein.

Suivant que l'émission du sang se fait surtout au début ou à la fin des mictions ou dans leur intervalle, ou encore pendant celles-ci, on peut présumer d'une façon plus ou moins certaine l'endroit où siège la lésion causale

« Dix-neuf fois sur vingt, dit M. Henriot dans une de ses conférences, le sang vient de la vessie.

« D'autre part, on trouve des *cylindres* dans l'urine au cours de toute maladie vésicale ou rénale. Mais si les cylindres ne contiennent pas de globules, on peut en inférer que le sang vient du rein. S'ils baignent dans les globules, au contraire, leur origine est vésicale. »

L'*hémoglobinurie* est beaucoup plus rare que l'hématurie.

Elle a été observée dans un certain nombre de maladies infectieuses : l'*ictère grave*, le *typhus abdominal*, la *scarlatine*, la *diphtérie*, la *variole hémorrhagique*, le *rhumatisme articulaire aigu*, la *dothiénentérie*, la *pneumonie*.

Elle prend une grande valeur dans certaines formes d'*impaludisme*, où elle apparaît avec une intensité exceptionnelle.

Pus dans l'urine

Les urines purulentes sont *troubles* à leur émission et laissent déposer un culot plus ou moins épais d'un blanc jaunâtre, crêmeux, a moins qu'au pus ne s'ajoutent des matières colorantes ou du sang.

L'*examen microscopique* de ce dépôt, ou, ce qui est préférable, du culot obtenu par centrifugation de l'urine, y fait reconnaître les globules de pus, des leucocytes et des cylindres.

Cliniquement, il est un procédé commode et rapide de caractériser les urines purulentes : on décante l'urine en ne laissant au fond du vase qu'une petite quantité du liquide et son dépôt Puis, on y verse doucement, en agitant avec une baguette de verre, un peu d'*ammoniaque* ou une solution concentrée de *potasse* On voit le liquide devenir filant, sirupeux, et adhérer à l'agitateur.

La pyurie s'observe dans les *pyélonéphrites suppurées*, dans la *tuberculose rénale* à une période avancée de son évolution, dans les *cystites purulentes*, les *suppurations de la prostate*.

Dans le cas de *tuberculose rénale*, le pus urinaire contient des *grumeaux* assez nombreux, qui auraient, d'après Vogel et Sebert, une grande importance pour le diagnostic de l'ulcère tuberculeux des reins.

Bile dans l'urine

Dans toutes les variétés d'*ictère*, on peut trouver dans l'urine des *pigments biliaires ;* les *acides biliaires* s'y rencontrent plus rarement, et leur recherche n'a pas cliniquement une grande importance.

1º **Pigments biliaires.** — Les pigments biliaires donnent à l'urine une coloration qui varie du *brun, vert pur*, en passant par le *rouge jaune*, le *jaune* et le *jaune verdâtre*. Une telle urine, agitée dans un tube à essais, se recouvre d'une *mousse abondante jaune* dont les bulles, examinées par transparence, paraissent *irisées*.

Réaction de Gmelin

La réaction de Gmelin est celle qu'on emploie le plus souvent pour déceler les pigments biliaires. On verse, dans un tube, de l'urine à laquelle on ajoute de l'*acide nitrique nitreux* en le faisant couler avec précaution le long des parois du verre. On voit aussitôt se former, à la limite des deux liquides, les *anneaux colorés* caractéristiques.

Procédé de Rosenbach

Le procédé de Rosenbach consiste à faire tomber sur du papier-filtre blanc quelques gouttes d'urine, puis une goutte d'acide nitrique nitreux. On voit alors les anneaux colorés se dessiner nettement sur le fond clair du papier.

Réaction de Maréchal

La réaction de Maréchal consiste à faire tomber, dans quelques cc. d'urine, une goutte de *teinture d'iode* et à agiter légèrement. Le mélange prend, au bout de quelques instants, une belle coloration *verte*.

Réaction dite de Haycraft

Un autre *procédé clinique* très simple consiste à projeter sur l'urine *fraîche* une pincée de *fleur de soufre*. Les particules de soufre flottent sur l'urine normale, mais tombent petit à petit au fond du vase si l'urine contient des pigments biliaires, des acides biliaires ou de l'urobiline.

Les essences, les résines (balsamiques), le phénol et l'alcool, dans l'urine, se comportent comme la bile vis-à-vis de la réaction de Haycraft, qui n'est donc pas pathognomonique.

2° **Acides biliaires.** — La présence d'acides biliaires dans les urines est liée à celle des pigments biliaires.

Réaction de Pettenkoffer

La réaction de Pettenkoffer permet de les déceler facilement : on *évapore à siccité* au bain-marie 20 cc. d'urine, et on reprend par 2 ou 3 cc. d'eau distillée. On ajoute un peu de *sirop de sucre*, puis quelques gouttes d'acide sulfurique concentré et pur. Le mélange prend une coloration *violette*.

Nous avons parlé ailleurs de la réaction d'*Ehrlich* et de l'infidélité de ses résultats.

Sédiments et calculs urinaires

SÉDIMENTS DE L'URINE

Les sédiments qui se déposent au fond des vases contenant de l'urine peuvent être formés par des éléments tenus en suspension dans l'urine au moment de son émission ou par d'autres ayant pris naissance plus tardivement.

Le dépôt, complet au bout de 24 heures, peut être obtenu rapidement par la centrifugation.

Mais le sédiment fourni par cette méthode est moins complet, car il ne comprend pas les éléments qui se déposent dans l'urine quelques heures après son émission, et qui sont le résultat de réactions chimiques intrinsèques.

L'*examen microscopique* permet de reconnaître, dans les sédiments, des *éléments organisés*, et plus souvent des *composés chimiques*.

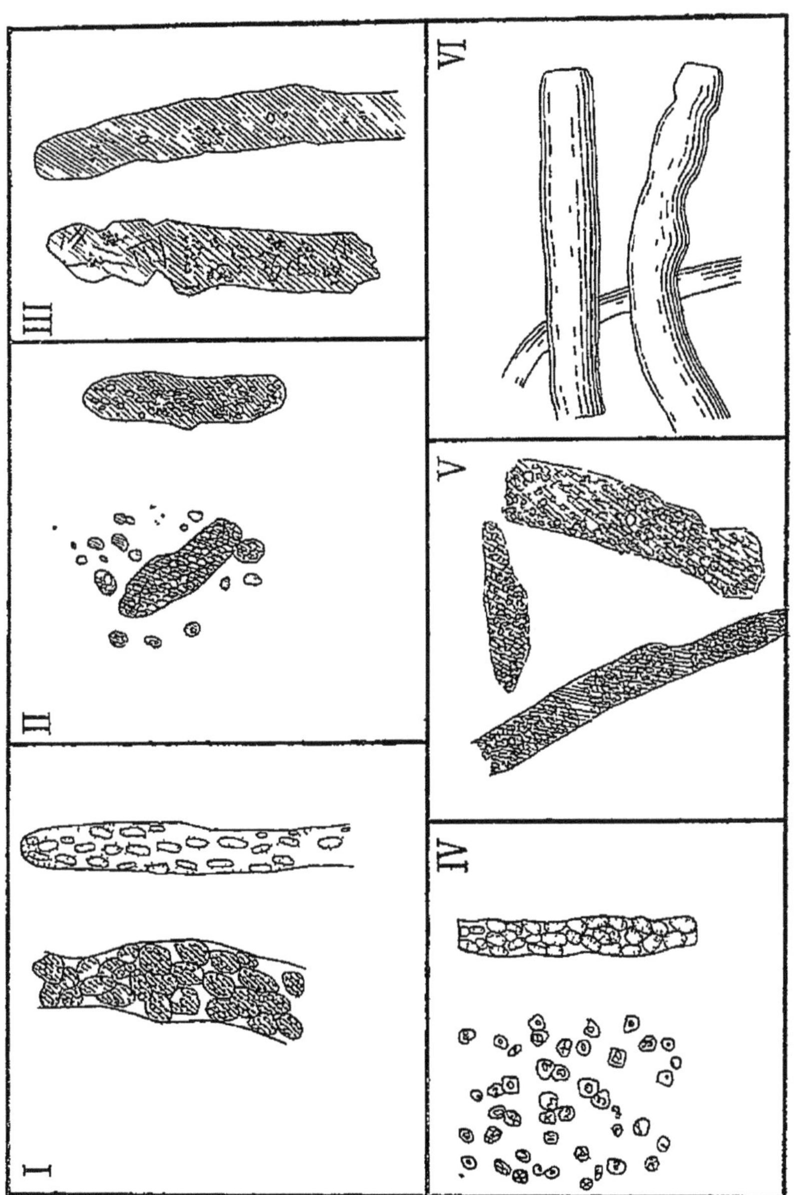

Fig. 4 — Cylindres urinaires.

I. Cylindres épithéliaux. — II. Cylindres hématiques. —
III. Cylindres hyalins — IV. Leucocytes et cylindres hyalins à leucocytes. — V. Cylindres granuleux. — VI. Cylindres cireux.

D'où la distinction en *sédiments organisés* et en

Fig 5 — Biurate sodique (masse grenue).

h, cristaux d'acide urique, *o*, cristaux d'oxalate calcique; *c*, cystine.

sédiments non organisés, suivant la prédominance de tels ou tels éléments.

Fig. 6.

a, *b*, *c*, acide hippurique; *d*, biurate sodique, *e*, *f*, *g*, *h*, acide urique.

1° *Sédiments organisés.*

Leur étude relève de l'*histologie* et de la *bactériologie*. On y rencontre du sang, du pus, des cellules épithéliales, des cylindres, des spermatozoïdes, des parasites et des microbes divers.

2° *Sédiments non organisés.*

Les sédiments non organisés ont une composition différente dans les urines *acides* et dans les urines *alcalines*.

a) Dans les *urines acides*, on trouve :

1) De l'*oxalate de chaux* ; il apparaît sous forme de *cristaux octaedriques* qui, vus par en haut, rappellent l'aspect d'enveloppes de lettres.

L'oxalate de chaux est insoluble dans l'acide acétique, et soluble dans l'acide chlorhydrique et l'acide azotique.

2) De l'*urate acide de sodium* (biurate sodique). Il est ordinairement coloré en rouge brique (*sedimentum lateritium*), et se présente sous la forme d'une *poudre amorphe* ou de cristaux mal caractérisés.

3) De l'*acide urique*. Il est fréquemment coloré en brun, et affecte des apparences cristallines diverses.

b) Dans les *urines alcalines*, ce sont :

Le *phosphate ammoniaco-magnésien*, cristallisé en *prismes incolores* que leur forme a fait comparer à des cercueils. Ce phosphate est très soluble dans l'acide acétique dilué.

L'*urate d'ammoniaque*, coloré en jaune, cristallisé sous forme de petites sphères recouvertes de pointes.

Le *carbonate* et le *phosphate de chaux tribasique* se trouvent quelquefois aussi dans les urines alcalines.

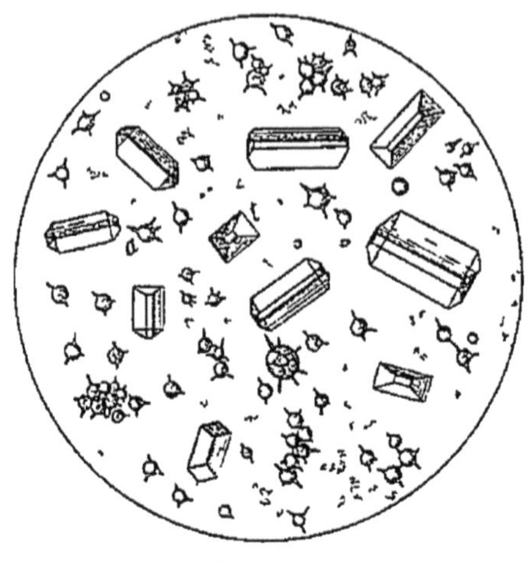

Fig. 7.

t, phosphate ammoniaco-magnésien; *a*, urate d'ammoniaque.

Leurs formes cristallines sont irrégulières et ils sont en général peu colorés.

L'acide acétique les dissout, et, s'il s'agit de

Fig. 8

a, carbonate de chaux; *b*, sulfate de chaux; *c*, phosphate de chaux: *d*, phosphate magnésien basique.

carbonate, détermine un dégagement d'acide carbonique.

CALCULS URINAIRES

Les calculs urinaires, de grosseur très variable, peuvent atteindre les dimensions d'un œuf de dinde et même davantage.

S'ils sont très petits, de la grosseur d'un grain de sable à celle d'un grain de millet, on leur donne le nom de *graviers*. Leur couleur varie du *blanc grisâtre au rouge brun*.

Leur consistance, variable suivant leur composition, peut être *crayeuse* ou *très dure*.

Leur surface extérieure est *lisse* ou *rugueuse;* leur surface de section, *mate, cristalline* ou *rayonnée*.

Ils sont formés, au point de vue de leur structure, de *couches concentriques*, distinctes entre elles, tant par leur *densité* que par leur *couleur* et leur *composition chimique*. Au centre se trouve le *noyau générateur*.

De *formation primaire* s'il s'est constitué dans une urine *acide*, le calcul est de formation *secondaire* s'il a pris naissance dans une urine *alcaline* ou si son noyau générateur est représenté par un corps étranger des voies urinaires.

Les calculs sont rarement tout à fait homogènes; néanmoins, il y prédomine toujours une substance chimique : soit des *urates* et *l'acide urique*, soit *l'oxalate de chaux*, soit des *phosphates* et des *carbonates terreux*. Ce sont, beaucoup plus rarement : la *cystine*, la *xanthine*, l'*indigo*, la *cholestérine*.

a) *Les calculs uratiques*, de grosseur très variable, sont *rougeâtres, bruns ou jaunes*. Ils sont un peu *moins durs que les oxalates*.

Le produit de leur pulvérisation donne, avec

l'acide azotique et l'ammoniaque, la réaction 'de la *murexide*.

Cette poudre est soluble à chaud dans la soude caustique. Si l'on a affaire à un *urate ammoniaque* cette solubilisation s'accompagne d'un dégagement de gaz *ammoniac*.

La *lithiase uratique* est l'expression d'un ralentissement de la nutrition. L'*hérédité*, le genre de vie (*sédentarisme*), et surtout le régime carné, ont été incriminés.

Elle est beaucoup plus fréquente chez l'homme que chez la femme.

b) *Les calculs oxaliques* sont les plus durs. Leur surface, irrégulière, présente des aspérités qui, par les déchirures qu'elles produisent, deviennent la cause d'*hématuries*. Leur coloration, brune à la périphérie, est plus claire à l'intérieur du calcul.

Le produit de leur pulvérisation est insoluble dans l'acide acétique, et soluble dans l'acide chlorhydrique, sans dégagement gazeux.

Incinéré au rouge sombre, il ne laisse qu'un résidu blanc de carbonate de chaux.

La *lithiase oxalique* indique un ralentissement de la nutrition. Très fréquente chez les *goutteux*, elle tient à une oxydation incomplète des albumines.

c) *Les calculs phosphatiques* peuvent atteindre un volume assez considérable. Leur noyau central est très fréquemment constitué par un urate ou un oxalate.

Au *phosphate tricalcique* est très souvent associé le phosphate *ammoniaco-magnésien*. Lorsque ce dernier est prépondérant, la structure du calcul est *rayonnée, cristalline*.

Le phosphate, ordinairement d'un blanc grisâtre, peut se charger de pigments et présenter des teintes diverses.

La surface de ces calculs est rugueuse, et leur surface de section a un aspect granuleux.

Ils sont moins durs que les autres variétés lithiasiques et se laissent facilement pulvériser.

Ils se dissolvent facilement dans l'acide acétique, sans effervescence ; un excès d'ammoniaque les reprécipite.

La *lithiase phosphatique* est liée à une *alcalinité* anormale du sang et, partant, des urines. La *fermentation ammoniacale intra-vésicale* agit par le même mécanisme.

L'*ostéomalacie* et l'ingestion prolongée de préparations médicamenteuses *phosphatées* peuvent également engendrer la lithiase phosphatique.

Le *phosphate ammoniaco-magnésien*, souvent associé, comme nous l'avons vu, au phosphate tricalcique, donne — à chaud — avec la *potasse*, un dégagement gazeux d'ammoniaque.

Cryoscopie urinaire

La cryoscopie urinaire est l'étude du point de congélation d'une urine : elle indique globalement le nombre d'ions et de molécules contenus dans une urine ; lorsque, de ce point de congélation (que l'on désigne par un *Delta* Δ) on retranche le point de congélation que déterminerait à lui seul le chlorure de sodium contenu dans l'urine, on a un nouveau point de congélation hypothétique δ déterminé par les substances non chlorurées. La proposition de *Koranyi* d'après laquelle $\dfrac{\Delta}{NaCl}$ (NaCl évalué en pour 100 de chlorure de sodium) présentait un rapport fixe chez l'individu normal quelle que soit l'alimentation du sujet, a depuis été trouvée non fondée.

Claude et *Balthazard* ont rejeté de la cryoscopie cet élément d'erreur et n'en ont gardé que l'indication nette et certaine qu'elle donne toujours, à savoir le point d'abaissement de congélation Δ de l'urine.

Dans ces conditions, la cryoscopie urinaire apparaît comme un excellent procédé capable de renseigner rapidement, d'une façon approximative, sur la quantité des matières azotées, cristallisables de l'urine (puisque les albuminoïdes et les substances colloïdes en général n'ont pas d'influence sur l'abaissement du point de congélation), lorsqu'au préalable on a dosé le chlore urinaire. En effet Δ—NaCl = molécules azotées (plus quelques sels peu abondants).

En clinique, l'intérêt de la cryoscopie urinaire se résume donc uniquement en cette proposition : est-il plus vite fait de faire une cryoscopie qu'un dosage d'urée (1) ?

Technique cryoscopique.

On se servira de l'appareil de *Claude* et *Balthazard* et d'un thermomètre de précision divisé en *centièmes* de degré (fig. 9).

Mode opératoire. — Remplir d'éther au 3/4 de sa hauteur le vase V, par la tubulure O, que l'on pourra fermer à l'aide d'un bouchon de caoutchouc.

L'air sec est aspiré au moyen d'une trompe à eau par le tube C, provenant du flacon F, qui contient de l'acide sulfurique concentré, et se dégage par le tube en spirale au fond du vase V.

---

(1) Ambard. *Gazette des Hôpitaux*, 1905, n° 42.

RECHERCHE DU POINT DE CONGÉLATION D'UNE SOLUTION

On verse un peu d'alcool dans le tube A de l'appareil qui sert de conducteur entre la conserve

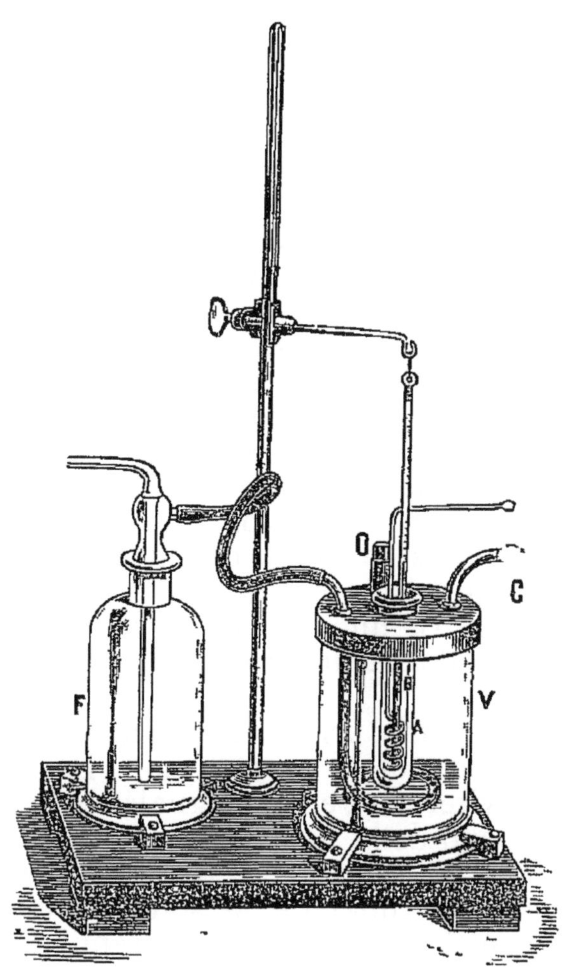

Fig. 9 — Appareil cryoscopique de Claude et Balthazard

réfrigérante et le liquide à congeler ; quand on a introduit dans le tube A le récipient B contenant la solution, le niveau de celle-ci doit être au-dessus de celui de l'alcool.

Le thermomètre, suspendu par le crochet du support, et l'agitateur en spirale qui l'entoure, sont entièrement immergés dans la solution.

On fait alors un appel d'air comme il est dit ci-dessus, en ayant soin, pendant le refroidissement, surtout depuis la température de 0°, d'agiter pour maintenir à une température homogène la solution dont on cherche le point de congélation.

Lorsque le 0° est atteint, la solution ne se congèle pas, elle reste en surfusion, le mercure continue à descendre jusqu'à 3, 4, 5°, puis rapidement la congélation survient et le mercure remonte, on continue à agiter en remarquant soigneusement le degré maximum atteint par le mercure avant qu'il ne redescende.

La température ainsi observée est celle cherchée du point de congélation.

Pour activer l'opération, quand on est sûr d'avoir dépassé le point de congélation de la solution, on fait cesser la surfusion en mettant dans le tube B, un petit morceau de givre pris sur le corps du réfrigérant où il s'en forme toujours.

Exemple : une urine congelant de — 1° 5, à — 2°, on fera cesser la surfusion. En procédant ainsi, on évitera une erreur signalée par M. Raoult et qui dépend de la surfusion.

Si l'on a soin de placer dans le tube B de 6 à 7 centimètres cubes de la solution, c'est-à-dire immergeant le thermomètre, la première détermination demande environ 10 minutes, mais, pour les autres, l'appareil étant déjà froid, il ne faut pas plus de 5 minutes.

On diminuera légèrement la dépense en employant du sulfure de carbone au lieu d'éther, mais il faudra adapter à la trompe un tube conduisant, en dehors du laboratoire, l'eau chargée des vapeurs de sulfure de carbone.

Avoir soin de vérifier le zéro du thermomètre par le point de congélation de l'eau distillée.

Les différences obtenues devront être ajoutées aux déterminations cryoscopiques des solutions.

CHAPITRE II

SUC GASTRIQUE

« La muqueuse stomacale sécrète un liquide rendu acide par une assez forte proportion d'acide chlorhydrique. Le suc gastrique renferme deux ferments : la *pepsine* et la *présure*.

La *présure* a la propriété de coaguler le lait dans un milieu alcalin. La *pepsine*, plus abondante et plus importante, sert, en présence de l'acide chlorhydrique, à dissoudre les albuminoïdes et à les transformer en peptone après les avoir fait passer par les phases intermédiaires d'albumine acide et de propeptone. » (A. Mathieu.)

Acidité du suc gastrique

Le suc gastrique a une réaction *acide* due à : *l'acide chlorhydrique*, principalement, à *l'acide lactique* et à d'autres *acides de fermentation* voisins.

Pour examiner le suc gastrique, on pompe le contenu de l'estomac, 45 minutes environ après avoir fait ingérer au patient un *repas d'épreuve*.

Le repas d'épreuve le plus communément employé en France est celui d'*Ewald*, qui comprend *60 gr. de pain rassis et 250 gr. de thé sans sucre*. On opère alors sur le liquide obtenu après filtration.

Recherche des acides minéraux du suc gastrique.

L'arsenal de la chimie pathologique comprend un grand nombre de réactifs pour la recherche des acides minéraux contenus dans le suc gastrique. Les plus communément employés sont les réactifs de *Gunzburg* (1), de *Boas* (2), de *Ueffelmann* (3).

a) *Réactif de Gunzburg*. — On met dans une capsule de porcelaine : 1 cc. environ de réactif + 1 cc. de suc gastrique. On évapore à siccité au bain-marie · le résidu prend alors une coloration *rouge persistante*.

b) *Réactif de Boas*. — On opère de la même façon et la coloration obtenue est la même, mais ne *persiste pas à froid*.

c) *Le réactif d'Ueffelmann* est décoloré par les acides minéraux, et se colore en jaune par les acides de fermentation.

---

(1) Composition du réactif de Gunzburg.	Vanilline . .	1 gr.
	Phloroglycine. .	2 gr.
	Alcool . .	30 gr.
(2) Composition du réactif de Boas	Résorcine ...	5 gr.
	Saccharose ..	3 gr.
	Alcool faible ...	100 cc.
(3) Composition du réactif d'Ueffelman	Phénol en dissolution teinté en violet par du perchlorure de fer.	

DOSAGE DE L'ACIDITÉ DU SUC GASTRIQUE

L'indicateur le plus employé pour le dosage de l'acidité du suc gastrique est la *phtaléine du phénol* (1) ; l'alcali destiné à saturer le liquide gastrique sera la *potasse décinormale*.

On met dans un verre : *5 cc. de suc gastrique* + quelques gouttes de *phtaléine*, et dans une burette graduée : la solution de *potasse décinormale*.

On en fait tomber goutte à goutte dans le verre jusqu'à ce que la phtaléine devienne rose.

Soit n le nombre de centimètres cubes de potasse employée. Sachant que 1.000 cc. de cette solution saturent 3,65 d'acide, on déduit de la formule :

$$\frac{1.000 \times 3,65 \times n}{5 \times 1.000} \quad \text{ou} \quad \frac{3,65 \times n}{5}$$

le titre d'acidité du suc gastrique examiné.

L'*acidité totale* du suc gastrique, examiné une heure après le repas d'Ewald, correspond — dans les cas normaux — à 1,80 à 2 p. 1.000.

Au cours des maladies de l'estomac s'accompagnant d'*hyperacidité* (l'*ulcère rond*, par exemple), ce chiffre est parfois considérablement plus élevé.

Chlore total

Le chlore du suc gastrique s'y trouve à trois états : chlore combiné aux matières minérales, chlore combiné aux matières organiques, et acide chlorhydrique libre.

---

(1) La phtaléine, incolore en présence des acides, devient *rose* en présence des alcalis

DOSAGE DU CHLORE TOTAL

Hayem et *Winter* ont indiqué une méthode simple et rapide de dosage du chlore total du suc gastrique.

1re expérience. — Mettre, dans une capsule de porcelaine, *5 cc. de suc gastrique*, auxquels on ajoute *1 gramme de carbonate de soude*. L'acide chlorhydrique libre se combine à la soude et donne du chlorure de sodium.

Evaporer au bain-marie, et calciner au rouge sombre. La matière organique est brûlée ; le chlore est mis en liberté et se transforme en chlorure de sodium. Tout le chlore organique passe ainsi à l'état de chlore minéral.

Par dosage du résidu, on a donc la *somme des trois chlores.*

2e expérience. — Mettre, dans une seconde capsule, *5 cc. de suc gastrique.* Evaporer à siccité au bain-marie. Ajouter alors *1 gramme de carbonate de soude*, puis calciner.

Le chlore libre sera parti. Le dosage ne donnera donc que la somme du *chlore organique* + le *chlore minéral.*

3e expérience. — Mettre, dans une autre capsule, *5 cc. de suc gastrique.* Evaporer au bain-marie ; le chlore libre s'en va.

Calciner ensuite : le chlore organique s'en va ; et il ne reste plus dans le résidu que le *chlore minéral.*

Dans chacune de ces trois expériences, il faut calciner jusqu'à ce que le résidu soit *blanc.*

Une fois la capsule *refroidie complètement*, on reprend par de *l'eau acidulée avec de l'acide azotique pur*. Après avoir chauffé, filtré et épuisé deux ou trois fois avec de l'eau acidulée, on a une solution sur laquelle on opérera le dosage.

Dans la burette graduée, on verse *une solution décinormale d'azotate d'argent*. On a mis dans un verre le *filtratum* que l'on neutralise en ajoutant un léger excès de carbonate de chaux chimiquement pur, puis quelques gouttes de *chromate de potasse*.

On fait tomber l'azotate d'argent goutte à goutte dans le verre jusqu'à l'obtention de la teinte rouge de chromate d'argent.

Sachant que 1 cc. de la solution décinormale d'azotate d'argent correspond à 0,00355 de chlore, on peut déduire facilement, du nombre de centimètres cubes employés, la teneur en chlore des 5 cc. de liquide de repas d'épreuve.

Il suffira de multiplier le chiffre obtenu par 200, pour avoir le résultat par litre.

ACTIVITÉ PEPTIQUE DU SUC GASTRIQUE

L'*activité peptique* du suc gastrique peut se mesurer en poids

Mais le procédé du *tube de Meth* est plus pratique.

On remplit d'albumine des tubes de très petit calibre, et on les jette dans l'eau bouillante. L'albumine se coagule.

Mettre alors dans un ballon *5 cc. de suc gastrique* et une petite portion de l'un des tubes de Meth *ne contenant pas de bulles d'air*. On constate la digestion de l'albumine par le liquide gastrique.

Avec une lame de verre graduée, on peut en mesurer, sous le microscope, la quantité digérée.

Le résultat obtenu est très approximatif.

CHAPITRE III

SANG

Le sang présente une teinte rouge sombre ou une teinte rouge vermeil, suivant qu'il est veineux ou artériel Il est peu visqueux normalement

Sa saveur est fade Son odeur, différente dans chaque espèce animale, rappelle celle de la sueur, et d'une façon générale, l'odeur particulière de l'animal duquel il provient Sa réaction est *alcaline.*

Le poids de la masse totale du sang d'un homme adulte, oscille entre 4 et 5 kilogrammes ; chez la femme, le poids en est sensiblement moins élevé.

Histologiquement, le sang est coagulé par le *plasma* tenant en suspension les *globules* (globules rouges ou *hématies* et globules blancs ou *leucocytes*). Les hématies et les leucocytes présentent respectivement des caractères morphologiques très différents, dont l'étude relève de l'histologie (fig 10)

On peut isoler le plasma par le procédé simple et rapide de la *centrifugation* du sang. Les *éléments figurés* ou globules se rassemblent au fond du tube ; le plasma surnage.

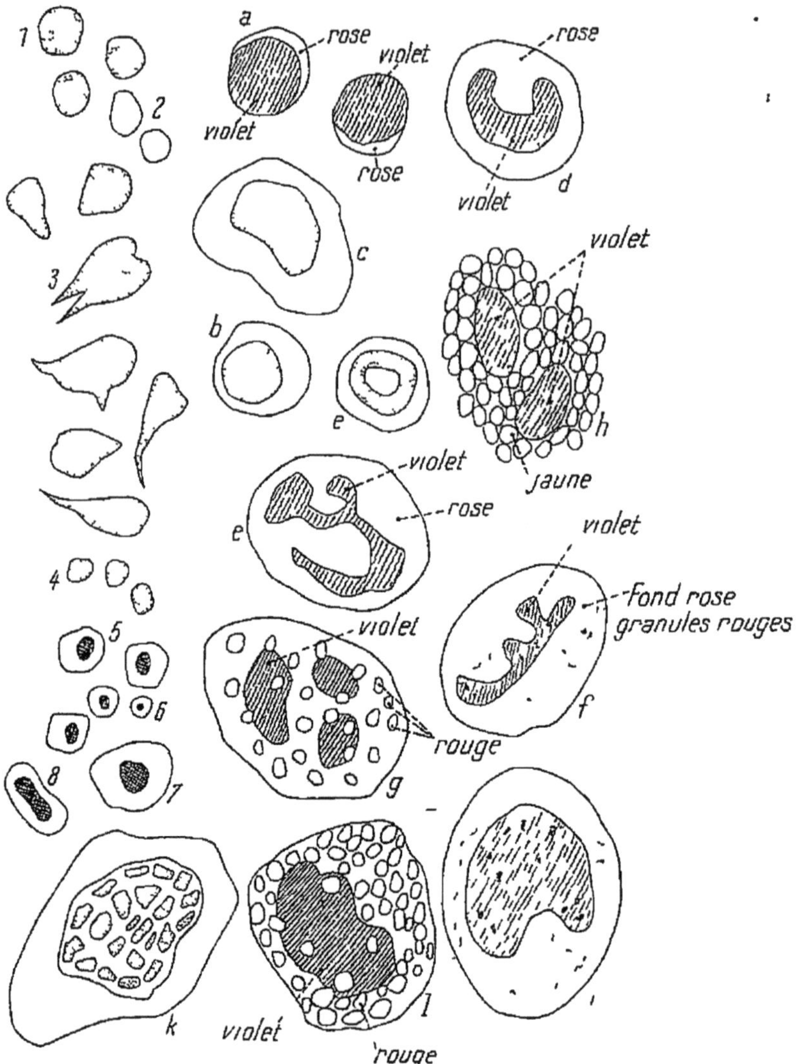

Fig. 10 — Éléments figurés du sang (d'après une planche du Dr Cramer, extraite de l'ouvrage du Prof. Bard : *Examens de laboratoire*).

1. Globules rouges normaux, 2. Globules rouges faiblement colorés, 3 Globules rouges deformés (poikilocytose), 4 Globules rouges nains (microcytes), 5 Normoblastes, 6 Microblastes, 7 Megaloblastes, 8 Globule rouge a noyau en voie de karyokinese.

Globules blancs   a, lymphocytes, b, grand mononucléaire ; c, d, formes de transition, e, polynucleaires neutrophiles (hématoxyline eosine), f, même élément (triacide), g, polynucléaire éosinophile, h, mastzelle (triacide), i, myelocyte neutrophile (triacide), k, même élement (hematoxyline-éosine), l, myelocyte éosinophile (hematoxyline-eosine)

C'est un liquide jaune ambré, un peu visqueux, d'odeur fade, de réaction alcaline, de densité voisine de 1.025.

Schmidt et Lehmann ont établi comme il suit la *composition chimique* de 1.000 parties de plasma normal :

Eau		902,90
Résidu fixe		97,10
Albuminoïdes {	Matière fibrino-génique. . .	4,05
	Sérumglobuline	32,
	Sérumalbumine	46,84
Graisse et matières extractives .		5,66
Sels minéraux		8,85

(Phosphates, sulfates, chlorures).

Les *globules rouges* se composent chimiquement de :

Pour 1 000

Eau	688	parties
Résidu fixe {Organique. .	303,88	—
{Minéral .	8,12	—

Ils contiennent de l'hémoglobine, des matières albuminoïdes, de la lécithine, de la cholestérine, quelques autres matières organiques et des sels minéraux.

L'*hémoglobine* et l'*oxyhémoglobine* (hémoglobine combinée à l'oxygène, dans le sang artériel) constituent l'élément essentiel du globule rouge.

Les *globules blancs* sont, eux, de véritables cellules protoplasmiques, nucléées.

Numération des globules.

a) GLOBULES ROUGES. — *Hayem* a imaginé, pour la numération des globules rouges, un appareil dont l'usage est basé sur les principes suivants ·

1° Faire subir au sang une dilution d'un titre déterminé ;

2° Compter le nombre des globules dans un volume donné de cette dilution ;

3° Passer, par un calcul, de ce chiffre au chiffre réel par mmc.

L'appareil se compose de : la *pipette de Potain* et *la chambre humide.*

Pipette de Potain. — Elle se compose d'un tube capillaire élargi en son milieu en une ampoule. La première partie, capillaire, porte le chiffre 1 ; la seconde, le chiffre 101 On adapte un tube de caoutchouc à l'extrémité supérieure de la pipette, et, par l'autre extrémité, on aspire le sang a examiner jusqu'au chiffre 1. Ensuite, on amène au chiffre 101 avec du *sérum artificiel,* qui contient une petite quantité de sublimé destiné à fixer les globules.

Chambre humide. — Elle consiste essentiellement en une petite surface divisée micrométriquement en 20 rectangles Les · dimensions de chacun de ces rectangles sont : 1/5 de mm. de longueur, 1/4 de mm de largeur, et 1/5 de mm. de profondeur. Leur capacité est donc de 1/100 de mmc.

On dépose une goutte de la solution de la pipette sur la chambre humide. On place sous le microscope , on compte le nombre de globules dans chaque rectangle et on en fait le total, ou, plus rapidement, on fait une moyenne par rectangle, après numération de trois ou quatre d'entre eux, et l'on multiplie par 20.

Le sang étant dilué au 1/100 et chaque rectangle ayant une capacité de 1/100 de mmc., il suffit de multiplier le nombre trouvé par 10.000 Le chiffre normal est, environ : *5 millions d'hématies par mmc.*

b) GLOBULES BLANCS — (Appareil de Thomas) L'opération est la même, mais les globules blancs étant plus rares que les globules rouges, la dilution doit être plus faible : au 1/10

D'autre part, il faut préalablement se débarrasser des globules rouges par une *solution acétique faible.*

Acide acétique glacial.   2 gr
Eau distillée .   .   100 cc

Ajouter un peu de *bleu de méthylène* pour colorer.

La pipette est plus petite, et porte les deux chiffres 1 et 11. Aspirer le sang jusqu'au chiffre 1 et la solution acétique jusqu'au chiffre 11.

Réactions du sang.

CRISTAUX D'HÉMINE

Mettre une goutte de sang sur une lame de verre. Chauffer pour le dessécher. Ajouter ensuite une trace de *chlorure de sodium.* Recouvrir d'une lamelle et verser, à l'un des angles de cette dernière, une goutte d'*acide acétique,* qui pénètre par capillarité. Porter à l'ébullition sur la flamme d'un bec Bunsen ; laisser refroidir, et placer sous le microscope. On voit alors les petits *cristaux bruns*, en forme de *bâtonnets*, de *chlorhydrate d'hématine.*

ANALYSE SPECTROSCOPIQUE

Le spectre du sang normal présente *2 bandes d'absorption* entre les raies D et E.

Si l'on ajoute an sang un peu de *sulfhydrate d'ammoniaque*, on voit, au bout de quelques minutes, les deux bandes d'absorption se confondre en *une seule, caractéristique de l'hémoglobine* réduite.

Si le sang est *oxycarboné*, l'addition de sulfhydrate d'ammoniaque reste sans effet sur l'image spectrale, et les deux bandes restent fixes.

Cette constatation a une grande importance en clinique, car, dans bon nombre de cas d'anemie, dont on ne parvenait à déterminer la cause, il s'agissait d'intoxication par l'oxyde de carbone.

Examen médico-légal des taches de sang.

Au cours d'une expertise médico-légale, le médecin expert a fréquemment l'occasion d'examiner et de reconnaître des taches de sang.

Lorsque ces taches sont récentes, on en détermine facilement la nature par la simple constatation de leurs caractères physiques : *couleur rouge, aspect luisant*, dû à l'albumine coagulée, et *odeur spéciale.*

Lorsque les taches sont anciennes, altérées, déposées sur une étoffe de couleur sombre la certitude ne peut être obtenue que par les *caractères chimiques, spectroscopiques* et *microscopiques.*

Si les taches sont sèches, on les *revivifie* en trempant dans un liquide l'objet qui les porte. Pour l'examen chimique ou spectroscopique, on délaye la matière des taches dans l'eau distillée. Pour l'examen microscopique, on emploie un liquide dans lequel les globules sanguins puissent se conserver (solution saturée de sulfate de soude, solution de bichlorure de mercure à 1/200).

En opérant sur le liquide obtenu par dilution des taches de sang dans l'eau distillée et concentré par ébullition, on obtient facilement la formation des cristaux de chlorhydrate d'hématine.

De plus, le sang *bleuit la teinture de gaiac en présence d'un liquide ozonisé.*

L'examen spectroscopique permet, d'une part, de reconnaître que c'est bien à du sang qu'il faut attribuer les taches suspectes ; d'autre part, si ce sang est oxycarboné, et par suite, si l'on a affaire a une intoxication par l'oxyde de carbone.

L'examen microscopique, le plus sûr, permet de voir les hématies et même, si leur forme n'est pas trop altérée, de reconnaître à quelle espèce animale elles appartiennent.

Des taches qui, sur le linge et les étoffes, peuvent être confondues avec le sang, celles de *rouille* sont les plus communes. Mais ces dernières disparaissent sous l'action de l'acide chlorhydrique — et, dissoutes dans l'eau, elles donnent un précipité bleu avec le ferrocyanure de potassium.

Dosage de l'hémoglobine.

On peut doser l'hémoglobine par des *procédés chimiques,* complexes, ou par des *méthodes optiques,* beaucoup plus simples.

Nous ne décrirons, ici, parmi les appareils de

dosage par méthode optique, que ceux de *Hénocque*, que l'on trouve dans tous les laboratoires de chimie médicale.

1° Hématoscope simple de Hénocque.

Il se compose de deux lames fines, en verre, fixées l'une au-dessus de l'autre, de façon que leurs plans ne soient pas parallèles, mais forment entre eux un angle trièdre très aigu.

Dans l'interstice qui les sépare, on introduit deux ou trois gouttes du sang à examiner.

On a ainsi une petite cuve dont l'épaisseur augmente d'une extrémité à l'autre.

On la dépose sur une plaque de fonte émaillée, portant une graduation empirique. A gauche, sous une faible épaisseur de sang, les chiffres seront visibles. Puis, sous des épaisseurs croissantes, ils s'estomperont et finiront par ne plus être visibles.

L'instrument est gradué de telle sorte que le dernier chiffre visible exprime, en centièmes, la teneur du sang en hémoglobine.

Cet appareil, simple et d'un maniement facile, comporte de nombreuses causes d'erreur ; les résultats qu'il indique ne sont donc qu'approximatifs.

2° Hématospectroscope de Hénocque.

Cet instrument a pour but de doser l'hémoglobine du sang circulant dans les tissus, à l'aide d'un *analyseur chromatique* et d'un petit *spectroscope à vision directe*.

En plaçant le pavillon de l'oreille devant le collimateur du spectroscope, on peut voir les deux bandes d'absorption de l'hémoglobine.

Un disque mobile adapté à l'appareil permet de placer devant la fente des verres colorés et méthodiquement gradués, qui atténuent ou éteignent les bandes.

Suivant que ces dernières disparaissent avec un verre plus ou moins épais, on détermine la quantité d'oxyhémoglobine en lisant le chiffre gravé au-dessous du dernier verre qui laisse encore distinguer la première bande d'absorption.

Ce procédé n'est pas non plus très précis : mais il donne, par comparaison et par des examens multipliés, des résultats très suffisants pour l'appréciation clinique de la teneur du sang en hémoglobine.

Coagulation du sang.

A l'air, le sang ne tarde pas à se coaguler : il se forme un *caillot*, qui se rétracte peu à peu en laissant exsuder un liquide jaunâtre, albumineux, le *sérum*. Ce phénomène continue à s'accentuer, jusqu'à ce que le caillot, devenu dur, élastique, baigne complètement dans le sérum exsudé.

La substance fibrinogène, matière albuminoïde du plasma, s'est coagulée, emprisonnant dans ses mailles les globules.

Le reste du plasma constitue le sérum.

Le caillot représente donc : le fibrinogène + les globules.

Le plasma est constitué par : de l'eau, des sels, des albuminoïdes diverses.

On peut isoler la fibrine en battant le sang avec un faisceau de baguettes, sur lesquelles elle s'attache en filaments élastiques.

Normalement, la coagulation commence à se produire après un laps de temps d'exposition à l'air qui varie de quelques minutes à une demi-heure. Certaines conditions favorisent et accélèrent la production de ce phénomène ; d'autres, au contraire, la retardent et l'entravent plus ou moins.

D'une façon générale, on peut dire que *tout ce qui est favorable à la conservation des globules blancs retarde, tout ce qui provoque leur altération accélère la coagulation du sang.* (Hugounenq.)

Les globules blancs paraissent avoir un rôle actif dans la coagulation du sang. On voit, en effet, l'accumulation des leucocytes précéder la formation des thromboses. *Mantegazza* fit, à ce sujet, des expériences nettement concluantes.

De plus, *Alexandre Schmidt*, de Dorpat, a montré que la présence des leucocytes est indispensable à la coagulation.

Les *sels de chaux* augmentent la coagulabilité du sang ; les *oxalates* au contraire, ainsi que les *fluorures* et les autres *précipitants du calcium*, l'entravent ou la retardent notablement. Le *citrate de potasse* a la même action.

Les *peptones*, de par les albumoses qu'elles contiennent, confèrent au sang une incoagulabilité plus ou moins durable ; cette propriété, toutefois, ne se manifeste pas directement *in vitro*, mais seulement après *injection intra-vasculaire sur l'animal vivant*. L'action anticoagulante des peptones ne s'exerce qu'après le passage du sang à travers le foie.

Le *sérum d'anguilles*, le *lait*, les *diastases*, les *venins*, agissent de la même façon.

Parmi les substances coagulantes, celles qui ont été le plus employées sont : le *chlorure de calcium* et la *gélatine* qui agit aussi bien *in vitro* que sur l'animal vivant.

Les propriétés coagulantes de cette dernière ont été utilisées en thérapeutique pour le traitement des anévrysmes. Mais cette médication est dangereuse, et a maintes fois donné lieu à de grosses embolies, souvent mortelles.

CHAPITRE IV

BILE

La bile est le produit de la sécrétion du foie.
Avant d'avoir séjourné dans la vésicule, c'est un
liquide mobile, non filant, d'odeur spéciale, assez
clair, de couleur jaune orangé ou verdâtre· Après
s'être chargée de mucine dans la vésicule, la bile
devient mousseuse et filante. Sa *réaction* est alcaline. Abandonnée à l'air, elle verdit, puis entre en
putréfaction.

La composition chimique de la bile, très com-
plexe, est différente quant aux proportions des
corps qu'elle contient, suivant que l'on soumet à
l'analyse le produit de sécrétion pris dans les
canaux biliaires, ou dans la vésicule. Dans ce dernier cas, en effet, la bile est plus concentrée, par
suite de l'absorption, par l'épithélium de la vésicule, d'une certaine quantité d'eau.

Elle est constituée environ par 83 p. 100 d'eau
et 17 de résidu fixe. Ce résidu fixe comprend : de
la mucine, des pigments, du taurocholate et du
glycocholate de sodium, des savons d'acides gras
(palmitique, stéarique, oléique), de la cholestérine, de la lécithine, de la graisse, des sels solubles et des sels insolubles.

Les *réactions de la bile* sont celles que nous
avons indiquées à propos de la recherche — dans

les urines — des pigments et des acides biliaires : *la réaction de Gmelin* pour ceux-là, celle de *Pettenkoffer* pour ceux-ci (pp. 61 et 62).

Il est bon, pour la netteté de ces réactions, de diluer la bile dans une certaine quantité d'eau distillée, les colorations étant bien mieux perçues dans un milieu plus clair.

Calculs biliaires.

Les calculs biliaires, de grosseur très variable, présentent toujours une coloration plus ou moins foncée, où une teinte générale verdâtre prédomine.

Leur surface, parfois lisse et unie comme une bille de marbre, présente le plus souvent un aspect *rugueux*, quelquefois même des *aspérités* marquées.

C'est leur migration dans les voies biliaires qui provoque les vives douleurs et les phénomènes réflexes dont l'ensemble constitue le tableau clinique bien connu de la *colique hépatique*.

La plupart des calculs biliaires ont une *composition chimique* mixte. Les éléments qu'on y a le plus souvent rencontrés sont, par ordre de fréquence : la *cholestérine*, les *pigments biliaires*, les *sels biliaires*, de la *graisse*, des *savons calcaires*, des *sels minéraux*, etc.

La *réaction caractéristique* des calculs biliaires est celle qui consiste à déceler, dans les menus fragments provenant dè leur pulvérisation, la présence de la *cholestérine*.

Pour cela, on met dans une petite capsule : quelques parcelles de *calcul pulvérisé*, auxquelles on ajoute un peu de *chloroforme*.

On évapore la dissolution ainsi obtenue au bain-marie, et l'on y ajoute ensuite *une goutte de per-*

chlorure de fer + *une goutte d'acide chlorhydrique.* On agite avec une baguette de verre, et, au fur et à mesure de l'évaporation, on voit apparaître une *teinte violette*, qui passe ensuite au *noir*.

La lithiase biliaire est, avant tout, une maladie de la *femme* (66 p. 100, d'après Bouchard) ; elle se rencontre le plus fréquemment entre 25 et 55 ans.

Toutes les conditions qui ralentissent et rendent incomplètes les oxydations sont des causes puissantes de cholélithiase. Ainsi agit la *sénilité*, et surtout la *mauvaise hygiène* alimentaire et corporelle ; la lithiase est une maladie des citadins, des sédentaires, des gros mangeurs, des obèses, de tous ceux — en un mot — qui absorbent beaucoup et dépensent peu (Chauffard).

CHAPITRE V

SALIVE

La salive résulte du mélange des produits de sécrétion des trois paires de glandes en grappe : parotidiennes, sous-maxillaires et sublinguales, auquel s'ajoute le liquide sécrété par les glandules de la muqueuse buccale, pour constituer la salive *mixte*.

La quantité de salive sécrétée par 24 heures est très différente chez les sujets. Pour l'homme adulte, elle oscille entre 300 et 1.500 grammes.

Au cours des *pyrexies*, la sécrétion salivaire est très diminuée. Elle est activée, au contraire, par la *mastication*, la *vue des aliments*, les *nausées*, les *états nerveux* s'accompagnant d'*hyperexcitabilité*, les *mercuriaux*, les *iodiques*, le *jaborandi (pilocarpine)*. L'excitation de la *corde du tympan* l'augmente; sa section la tarit.

La salive a une *densité* qui varie de 1002 à 1006.

Sa *réaction*, faiblement *alcaline* normalement, devient *acide* dans les cas de *muguet*, de *phtisie pulmonaire*, d'*ulcère gastrique*.

Voici les principaux éléments qui entrent dans la composition d'une salive normale.

Eau.	959,15 (p. 1.000).	
Résidu sec . . .	4,84	—
Ptyaline + albumine. . .	2,09	—
Corps gras	traces.	—
Chlorures (de sodium et de po-tassium)	0,84	—
Sulfo-cyanate de potassium . .	0,07	—
Phosphate de soude	0,94	—
Sulfates.	traces.	—
Chaux, magnésie.	0,04	—

La PTYALINE est l'élément le plus important de la salive. Son *action fermentative* est la plus connue : on l'a appelée action *diastasique*. Son activité s'exerce sur l'*amidon*, qu'elle dédouble par hydrolyse, en *dextrine* et *maltose*.

La *saccharification* par la salive est très rapide ; elle s'effectue en quelques minutes.

L'amidon *cuit* est saccharifié plus rapidement que l'amidon *cru*.

Si l'on met à l'étuve de la salive additionnée d'un peu d'empois d'amidon, ce liquide pourra, au bout de quelque temps, *réduire la liqueur de Fehling*

Autre réaction de la ptyaline : Si l'on ajoute, à une petite quantité de salive, de la *mucine* et quelques gouttes *d'acide chlorhydrique*, il se formera un *précipité*.

Pour déceler le SULFO-CYANATE DE POTASSIUM, on opère de la façon suivante : on mélange, dans un tube à essais, du *perchlorure de fer*, de *l'eau distillée* et un peu *d'acide chlorhydrique*.

Si l'on dépose une goutte de ce liquide sur un crachat, on aperçoit immédiatement des traces de *sulfocyanure, rouges*.

La proportion de sulfocyanate contenue dans la

salive a pu être évaluée au colorimètre, par l'intensité de la coloration rouge développée par le perchlorure de fer. De 0,07 à 0,10 pour 1.000 dans la salive normale, elle peut s'élever, *chez les fumeurs*, jusqu'à 0,20.

RÉACTIONS DES PRODUITS DE DIGESTION

DANS LA SALIVE

Au cours d'une digestion, il reste toujours des matières albuminoïdes non attaquées. Il suffit, pour s'en débarrasser, d'ajouter du *sulfate de magnésie* ou du *sulfate d'ammoniaque* à saturation, *à froid*, qui les précipitent. Il reste alors : les *syntonines* et les *peptones*.

Les *syntonines* se reconnaissent à ce que le *ferrocyanure acétique* les précipite à froid, et que ce précipité se redissout à chaud.

De même, en présence de *carbonate de soude* étendu, ajouté goutte à goutte, les syntonines précipitent, pour se redissoudre dans un excès de réactif.

Les *peptones* ne donnent *pas de précipité* avec le *ferrocyanure*, ni avec *l'acide azotique*.

Le *réactif d'Esbach* les précipite à froid, et les redissout à chaud.

Si l'on essaie avec elles la *réaction du biuret*, il se forme une *coloration rose*, bien différente de la teinte violette donnée par les albuminoïdes.

Quelques médicaments s'éliminent en partie par la salive, dans laquelle on peut déceler leur présence (sels de *mercure*, de *plomb*, d'*antimoine*, *bromures*, *iodures*, *chlorates*). Certains d'entre eux, le *plomb* et le *mercure* en particulier, peuvent déterminer sur les gencives et le collet des dents un *liséré* caractéristique.

Le *tartre dentaire* n'est que le résultat du dépôt, sur les dents, des sels minéraux de la salive, auxquels s'ajoutent des matières organiques dans la proportion de 20 à 25 p. 100.

CHAPITRE II

Suc gastrique

CHAPITRE III

Sang

CHAPITRE IV

Bile

CHAPITRE V

Salive

FIGURES

TABLE ALPHABÉTIQUE

A

G

H

I

L

M

N

O

P

R

S

T

U

V

Imp. *L'union Typographique*, Villeneuve St-Georges (S.-et-O)

Filtrer l'urine jusqu'à limpidité absolue, puis vér

I. — Elle est *alcaline :*

L'acidifier par quelques gouttes d'acide acétique. Si o
les carbonates alcalins = ...

II — Elle est *acide :*

1º *Chaleur.*
Acide azotique.
Réactif d'Esbach.

> A. Précipité *insoluble* dans acid
> MINE : Nouv. urine + Sulfat
> B. Précipité *par réactif d'Esb*
> biuret = Coloration rose ...

2º *Sous-nitrate de bismuth alcalin* (Liqueur de Nylander)
Potasse ... .

Liq. de Fehling .

> Réduction *immédiate à chaud* =
>
> Réduction *très lente, inconstante*

3º *Acide azotique fumant* · Anneaux de Gmelin —

4º *Acide azotique* + *Chloroforme* . . .

5º *Acide chlorhydrique* + *Chloroforme* + *Eau oxygénée* ..

6º *Perchlorure de fer.*   .   . ..

Il existe un dépôt .

1º *Ammoniaque* + *Urine* = *Liquide sirupeux et filant* =

2º *Une goutte du dépôt sous le microscope* . .

> *a)* Crist
> *b)* Pouc
> *c)* Autr

amen clinique d'une Urine

la réaction

tenait ainsi un précipité, soluble dans { *Mucine* ou
.. . .. { *Nucléo-albumines*

3lique = Albu- { *b*) Pas de précipité = *Globuline.*
magn. à satur. { *a*) Précipité = ... *Sérine.*
— *soluble à chaud* — Réaction du
. . . *Peptone*

.. { Coloration *noire à chaud* — } *Glucose.*
... . }

{ *a*) Coloration *rouge* avec perchlorure de fer = ... *Acétone.*
{ β) *Rien* avec le perchlorure de
fer = *Chloral.*

.... *Pigments biliaires.*

{ *a*) Coloration *violette* - *Iodures alcalins.*
{ *b*) Coloration *brune* — *Bromures alcalins.*
{ *a*) Coloration *bleue* *Indican.*
{ *b*) Coloration *rose* — *Scatol*
{ *a*) Coloration *violette*, après
addition d'HCl — .. . . *Acide salicylique*
{ *b*) Coloration *rouge*, pas de réduction du Fehling — .. *Antipyrine.*

Pus.

.
{ 1. *Phosphate ammoniaco-magnésien*
= ... { 2. *Acide urique.*
{ 3. *Oxalate calcique*
morphie = *Urates.*
ém. = { *Cylindres, Cellules épithéliales; Globules blancs;*
{ *Globules de pus, Microbes, etc.*